油气井井控典型案例解析

乐　宏　佘朝毅　等编著

石油工业出版社

内容提要

本书在整理相关井控管理制度，总结完善井控技术体系、井控管理体系和井控应急体系建设的基础上，梳理了近年钻井、井下作业各种工况下发生的井控事件典型案例，逐一分析，总结技术经验。旨在为油气勘探开发工程技术人员提供宝贵的经验，不断提高井控工作的技术水平和管理水平。

本书适合钻井、地质、试油、井下作业等专业的工程技术人员和管理人员，以及高等院校相关专业师生阅读和参考。

图书在版编目（CIP）数据

油气井井控典型案例解析 / 乐宏等编著 . — 北京：
石油工业出版社，2024.3
ISBN 978-7-5183-6473-2

Ⅰ.①油… Ⅱ.①乐… Ⅲ.①油气井 – 井控 – 案例
Ⅳ.① TE28

中国国家版本馆 CIP 数据核字（2023）第 227791 号

出版发行：石油工业出版社
（北京市朝阳区安华里 2 区 1 号楼 100011）
网　　址：www.petropub.com
编辑部：（010）64523829
图书营销中心：（010）64523633　（010）64523731
经　　销：全国新华书店
印　　刷：北京中石油彩色印刷有限责任公司

2024 年 3 月第 1 版　2024 年 3 月第 1 次印刷
787×1092 毫米　开本：1/16　印张：8.25
字数：140 千字

定价：70.00 元
（如发现印装质量问题，我社图书营销中心负责调换）

《油气井井控典型案例解析》
编 写 组

组　长：乐　宏　　佘朝毅

副组长：郑有成　　陈力力　　龚建华　　范　宇

成　员：周　朗　　王学强　　杨轲舸　　马　勇　　李文哲

　　　　周井红　　李成全　　杨　哲　　蒲军宏　　张志成

　　　　曾　嵘　　汪　瑶　　刘　强　　卢亚峰　　何轶果

　　　　杨　欢　　谯青松　　肖振华　　余兆才　　谭宇龙

　　　　赵彬凌　　吴鹏程　　雷　银　　何旭晟　　赵靖影

　　　　刘祥珂　　罗双平　　池崇荣　　舒　畅　　李　涛

　　　　李　奥　　王　飞　　刘宇航　　徐志凯　　周　焱

　　　　聂尊浩　　曾　鸿　　叶小科　　文　果

前言

　　安全生产是企业发展的生命线，井控安全是油气田企业安全生产工作的重中之重，事关人民群众生命和国家财产安全，事关履行经济、政治和社会三大责任，事关能源与环境的和谐、企业与社会的和谐、企业内部的和谐。

　　在油气勘探开发生产过程中，一旦发生井喷将对油气资源造成不同程度的损害，井喷失控可能导致井毁人亡、环境污染等重大灾难性事故，还会造成极其恶劣的社会影响，甚至产生不良的国际影响。

　　为保障国家能源安全，各大石油公司持续加大勘探开发力度，石油勘探开发工作量激增，在井控管理上，勘探开发涉及常规油气、页岩油气和致密油气等多个领域，面临的井控安全挑战更为严峻。超深、高压、高产、高含硫、复杂压力系统和窄密度窗口等潜在井控风险随之增高。近年来溢流井控事件时有发生，井控意识不强、井控能力不足造成的高套压事件仍然十分突出。中国石油西南油气田公司在井控管理上坚持推行"制度、技术、管理、应急"四位一体井控管理模式，为井控安全奠定了坚实的基础，井控安全形势整体平稳受控。为了进一步强化全员井控意识、提升全员井控能力、筑牢井控安全屏障，更好坚守井控安全底线和红线，杜绝井喷失控事故发生，笔者认真整理井控管理制度，总结完善井控技术体系、井控管理体系和井控应急体系建设的典型做法，梳理了近年钻井、井下作业不同工况下发生的井控事件典型案例，汇编成册。旨在为油气勘探开发工程技术人员提供宝贵的经验，不断提高井控工作的管理水平和技术水平。

　　本书在编写过程中得到了有关领导、专家和工程技术人员的大力支持、帮助和指导，在此一并表示衷心的感谢。

　　由于编者水平有限，书中难免有不足之处，恳请读者批评指正。

目录

第一章 钻井部分

第一节 钻进作业典型案例

案例1 ST8井须家河组溢流事件

（一）基本情况

ST8井是部署在四川盆地双鱼石—河湾场构造带卢家漕潜伏构造高点的一口探井直井。该井须家河组预测地层压力系数1.4，设计钻井液密度1.47~1.55g/cm³，上层ϕ273.1mm套管下至3647m（须家河组顶部），井口安装28-70防喷器组。

（二）事件经过

2017年2月14日00：45，四开用1.54g/cm³钻井液、ϕ241.3mm钻头钻至3994.41m（须三段），录井坐岗工发现液面上涨0.8m³，告知钻井坐岗工，坐岗人员校核液面，期间继续钻至3994.67m，00：47上报司钻，00：50关井，累计钻井液增量10.23m³，关井，立压为0，套压6.15MPa，17min后套压由6.15MPa上升至10.12MPa。

（三）处置过程

1. 关井求压

01：37，关井求得立压7.7MPa，折算地层压力系数1.73，套压由10.12MPa上升至11.50MPa。

2. 配制压井液

01：37至03：35，地面配制1.80g/cm³压井液220m³，套压稳定在11.5MPa。

3. 工程师法压井

03：35至07：50，用密度1.80g/cm³压井液压井，排量10~19L/s，立压4.5~11.4MPa，套压由11.5MPa下降至0，火焰高度8~10m至熄灭，开井，出口无外溢。

（四）原因分析

（1）实际地层压力高于预测地层压力，实钻钻井液密度不能平衡地层压力。该井须家河组预测地层压力系数 1.40，设计密度 1.47~1.55g/cm³，发生溢流时密度 1.54g/cm³。根据关井求取立压计算实际地层压力系数 1.73，最终采用 1.80g/cm³ 压井液压井成功。

（2）地层非均质性强。对比双鱼石构造邻井须家河组实钻情况（表 1-1），须家河组实钻钻井液密度变化大（1.43~1.80g/cm³）。

表 1-1 双鱼石构造邻井须家河组实钻最高钻井液密度统计

井号	ST1	SY001-1	ST3	ST7	ST8
最高钻井液密度（g/cm³）	1.43	1.45	1.61	1.72	1.80

（五）经验教训

（1）违章操作。录井人员严重违反声光报警器操作规程，发现溢流后未及时报警。

（2）未严格执行"发现溢流立即正确关井，疑似溢流立即关井检查"的原则。14 日 00:45 录井人员发现液面上涨 0.8m³，未启动声光报警装置，仅告知液面坐岗人员；坐岗人员接到告知后，没有第一时间向司钻汇报，而是核实液面上涨情况后再汇报司钻，致使未能及时关井。

（3）因未及时关井，溢流量过大导致套压较高。通过录井曲线及《异常分析报告》分析，该井在 14 日 00:45 发生溢流，继续钻进 0.26m，至 00:50 上提钻具、停泵、关井，总溢流量达 10.23m³。

（4）井控意识亟待加强。坐岗人员、司钻和值班干部等关键岗位要做井控明白人，特别是在钻遇异常高压层、溶洞、裂缝发育较好的地层，一定要优先考虑"井控"风险，不能不信不怕、无知无畏、见怪不怪，发现溢流关井要果断、及时。

案例 2 LY1 井茅口组溢流事件

（一）基本情况

LY1 井是部署在四川盆地龙洞坪构造南高点的一口预探直井，茅口组预测地层压力系数 1.59，设计钻井液密度 1.66~1.90g/cm³，上层 φ339.7mm 套管下至 1078.01m（须家河组顶部），井口安装 35-70 防喷器组。

（二）事件经过

2022 年 10 月 2 日 07：54，该井使用密度 1.72g/cm³ 钾聚磺钻井液、ϕ311.2mm 钻头三开钻进至井深 2385.13m（茅口组），发现出口流量增大，液面上涨 0.5m³，07：56 关井，立压为 0，套压 3MPa。

（三）处置过程

1. 关井求压

08：45，采用憋压法求得关井立压 7.4MPa，套压由 3MPa 上升至 8.69MPa。

2. 配制压井液

08：45 至 10：45，地面配制 2.00g/cm³ 压井液 230m³，套压由 8.69MPa 上升至 8.85MPa。

3. 工程师法压井

10：45 至 14：00，正注 2.00g/cm³ 压井液 199m³，排量 16.5~19.8L/s，控制立压 5.6~11MPa，套压由 8.85MPa 下降至 0.75MPa，火焰高度 7~8m 降至 0.5~1m。

4. 边循环边加重压井

14：00 至 20：30，倒旋转防喷器，边循环边加重至 2.05g/cm³，排量 19.5~26L/s，立压 7~9.1MPa，套压为 0，焰高 0.5~1m，井下微漏，平均漏速 2m³/h。

5. 堵漏浆堵漏后循环排气

20：30 至 3 日 08：15，泵入浓度 8%（4%JD-5+2%WNDK-2+1%WNDK-3+1% 超细碳酸钙）、2.05g/cm³ 堵漏浆 18.1m³ 循环排气，排量 19.6~49L/s，泵压 7~25MPa，套压为 0，期间保持入口钻井液密度 2.05g/cm³ 循环未漏，火焰熄灭，停泵出口断流，压井处理结束。

（四）原因分析

实际地层压力高于预测地层压力，实钻钻井液密度不能平衡地层压力。茅口组预测地层压力系数 1.59，设计钻井液密度 1.66~1.90g/cm³，实际钻井液密度 1.72g/cm³，根据关井求取立压 7.4MPa，计算实际地层压力系数 2.04，最终使用 2.05g/cm³ 钻井液压稳。

（五）经验教训

（1）压井液密度偏低。按照关井求取立压计算的实际地层压力系数 2.04 分析，首先采用 2.00g/cm³ 压井液压井，压井液密度低于地层压力系数，导致工程师法压井后井筒压力不平衡。

（2）对于窄密度窗口地层溢流的处理，可在压井液前注入适当堵漏浆，降低压井期间井漏风险。

（3）在该区块茅口组钻进，应严格执行《泸州深层页岩气会议纪要》和《LY1井钻井施工方案优化设计》中"进茅口组前甩掉螺杆简化钻具组合"的要求。带螺杆钻具钻进可能增加溢流处置风险和难度。

案例3 L213井栖霞组溢流事件

（一）基本情况

L213井是部署在川南低褶带福集向斜构造的一口评价直井，栖霞组预测地层压力系数1.05，设计钻井液密度1.32~1.80g/cm³，上层 ϕ365.13mm套管下至1326.45m（须家河组顶部），井口安装54-35防喷器组。

（二）事件经过

2022年10月3日11：52，该井使用密度1.80g/cm³钾聚磺钻井液、ϕ333.4mm钻头三开钻进至2980.50m（栖霞组），录井队人员发现出口流量增大，随即用对讲机通知钻井队，并开启声光报警器，司钻随即停泵、停顶驱、上提钻具至关井位置2974m，11：55关井，立压6.57MPa，套压5.2MPa。

（三）处置过程

1. 泄圈闭压力

11：55至11：58，微开节流阀泄圈闭压力，套压由5.2MPa下降至1.5MPa，立压由6.57MPa下降至0。

2. 原浆节流循环排气

11：58至12：44，控压节流循环36min，排量20L/s，立压4~5MPa，套压1~3MPa。

3. 关井观察，压井准备

12：44至13：58，配制1.93g/cm³压井液280m³，期间套压2.39MPa。采用憋压法求得立压2.2MPa。

4. 正循环压井

（1）13：58至18：20，泵入1.93g/cm³压井液247m³，排量14~17L/s，立压2.5~4.7MPa，套压由5.5MPa下降至1.6MPa，火焰高度由3m上升至10m，再下降至6m。

（2）18：20至4日06：00，边循环边加重提密度至2.00g/cm³，排量17~46L/s，

泵压6.2~22MPa，套压由1MPa下降至0，火焰熄灭，停泵出口断流，压井结束。

（四）原因分析

（1）实际地层压力高于预测地层压力，实钻钻井液密度不能平衡地层压力。该井栖霞组设计地层压力系数1.05，实际钻井液密度1.80g/cm³，求取立压2.2MPa，折算地层压力系数1.88。

（2）钻遇断层。根据地震资料预测（图1-1），在测深3060~3140m断层F1发育，断层断开茅口—梁山组，断距约为20m。此次气侵的天然气可能来自该断层，气量丰富，导致排气时间较长。

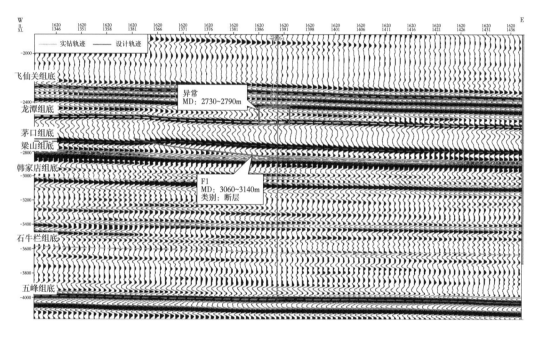

图1-1　地震资料

（五）经验教训

（1）该地区局部存在异常高压，应加强地层压力研究，准确预测地层压力。

（2）正确关井操作，避免形成圈闭压力。司钻在接收到录井汇报"出口流量增加"及听到声光报警时，立即上提钻具，因担心停泵后钻具上行会遇阻，便将钻具提至关井位置后再停泵，未注意泵是否已停稳即开始关井操作，导致关井期间泵未停稳，形成了圈闭压力。

（3）在泄圈闭压力后，误判为立压为0。在未求取真实的关井立压情况下，贸然采用原浆节流循环排气。

（4）压井液安全密度附加值偏低，导致使用1.93g/cm³压井液压井后未完全平衡地层压力，最终上提密度至2.00g/cm³压稳。

案例4 LT1井栖霞组溢流事件

（一）基本情况

LT1井是部署在四川盆地九龙山构造龙王庙组底界主体构造的一口预探直井，栖霞组预测地层压力系数2.1，设计钻井液密度2.00~2.17g/cm³（精细控压），上层φ219.08mm套管下至4870m（飞仙关组），井口安装28-140防喷器组。

前期施工情况：2016年5月28日13:05用密度2.19g/cm³钻井液精细控压0.4MPa钻进至井深5885.02m气测异常，控压4~4.4MPa循环排气，出口点火，焰高1~4.5m，持续未熄，井下微漏；控压2.5~3.7MPa循环排气自动止漏，焰高1~4.5m，持续未熄。

（二）事件经过

2016年5月29日00:27，用密度2.19g/cm³钻井液、φ190.5mm钻头六开精细控压钻进至井深5906.16m发现液面上涨0.2m³，至01:10上提钻具经旋转防喷器控压循环，套压由2.7MPa上升至4.5MPa，液面上涨1.7m³，01:25关井，立压为0，套压6.1MPa。

（三）处置过程

1. 关井求压

01:50，采用憋压法求取关井立压，泵入1.2m³钻井液，套压无变化，求取立压不成功。

2. 边循环边加重压井，发生井漏

（1）01:50至08:00，经节流管汇循环加重提密度至2.34g/cm³，井漏，平均漏速22.1m³/h，控制立压4.2~10.5MPa，套压由6.1MPa上升至15.1MPa，再下降至2.9MPa，排量8~12L/s，火焰高度4~9m，转精细控压循环加重。

（2）08:00至14:02，精细控压边循环边加重提密度至2.37g/cm³，平均漏速10.5m³/h，控压2~4MPa下降至0.1~1.5MPa，套压由2.9MPa上升至4MPa，再下降至0，排量12~18L/s，火焰高度3~9m。

3. 停泵观察出口外溢，再次关井

14:02至14:41，停泵观察，出口处呈小股状外溢，再次关井，至18:06关井观察，立压为0，套压由0上升至2MPa，期间配制密度2.32~2.36g/cm³压井液。

4. 关井正挤

14：41 至 18：20，关井正挤密度 2.36g/cm³ 压井液 10m³，立压 0~0.8MPa，套压由 2MPa 上升至 4.5MPa，排量 7.7~12.8L/s。

5. 关井观察，配制压井液

18：20 至 20：50，配制密度 2.32~2.34g/cm³ 压井液，立压为 0，套压由 4.5MPa 上升至 11.6MPa。

6. 关井反挤

21：50 至 21：26，反挤密度 2.33g/cm³ 压井液 38.6m³，排量 10.2~20.5L/s，套压由 11.6MPa 上升至 14MPa，再下降至 0.2MPa，立压为 0。

7. 关井观察，配制压井液和堵漏浆

21：26 至 30 日 01：43，配制密度 2.32~2.34g/cm³ 压井液 200m³、密度 2.33g/cm³ 浓度 30% 桥浆 43m³，立压为 0，套压由 0.2MPa 上升至 0.4MPa。

8. 注加重桥浆堵漏、压井

01：43 至 05：14，反挤浓度 30%、密度 2.33g/cm³ 桥浆 30.6m³，反挤密度 2.33g/cm³ 压井液 171.5m³，反挤密度 2.33g/cm³ 压井液 12.1m³，排量 5.1~25.7L/s，套压由 0.4MPa 上升至 4MPa，再下降至 0，立压为 0，关井候堵。

9. 关井候堵，套压再次上涨

05：14 至 14：20，关井候堵，立压为 0，套压由 0 上升至 17.5MPa。

10. 正反挤压井

14：20 至 15：36，关井反挤密度 2.34g/cm³ 压井液 63.9m³，排量 6~20L/s，套压由 17.5MPa 下降至 0，立压由 16.5MPa 下降至 0，正挤密度 2.34g/cm³ 压井液 12.1m³，排量 15~18L/s，立压、套压均为 0，压井结束，转堵漏作业。

（四）原因分析

（1）实际地层压力高于预测地层压力，实钻钻井液密度不能平衡地层压力。该井栖霞组预测地层压力系数 2.1，设计钻井液密度 2.00~2.17g/cm³，实际使用 2.19g/cm³ 钻井液钻进发生溢流，压井结束时全井当量钻井液密度为 2.34g/cm³，较设计钻井液密度上限高出 0.17g/cm³。

（2）因溢漏安全密度窗口窄，导致关井后求取立压不成功。根据前期施工实际情况分析，井下钻井液密度窗口窄，采用憋压法求取立压时，钻井液完全漏失，套压无变化，导致求取立压不成功。

（五）经验教训

（1）该地区局部存在异常高压，应加强地层压力研究，准确预测地层压力。

（2）针对安全密度窗口窄、地层溢漏同存情况，不能使用常规压井方式压井，采用反推桥浆＋压井液、正推压井液压井。

（3）发生溢漏同存复杂时，应优先处理井漏，避免持续井漏、气液置换导致井下持续溢流。

案例 5　LT1 井嘉陵江组溢流事件

（一）基本情况

LT1 井是部署在四川盆地九龙山构造龙王庙组底界主体构造的一口预探直井，嘉二段预测地层压力系数 1.70，设计钻井液密度 1.77~1.85g/cm³，上层 ϕ365.1mm 套管下至 1797.19m（沙二段中下部），井口安装 35-70 防喷器组。

（二）事件经过

2016 年 3 月 17 日，该井使用密度 1.85g/cm³ 钻井液、ϕ333.4mm 钻头四开钻至井深 4551.03m 开始循环加重，钻井液密度由 1.85g/cm³ 上升至 2.05g/cm³；04：55 钻进至 4553.39m，发现出口流量增大；05：05 上提钻具，循环观察，液面上涨 1.24m³；05：07 关井，立压为 0，套压 2.2MPa，15min 后立压 5.5MPa，套压 5.5MPa。

（三）处置过程

1.关井求压

06：17，采用憋压法求取关井立压 5.5MPa，折算地层压力系数 2.17。

2.第一次循环加重，井漏

06：17 至 12：30，边循环边加重提密度至 2.13g/cm³ 出现井漏，平均漏速 10.7m³/h，排量 15~17L/s，套压由 3.5MPa 上升至 7.3MPa，再下降至 3.9MPa，立压由 4.7MPa 上升至 10MPa，再下降至 6MPa，氯离子浓度由 17725mg/L 上升至 18611mg/L，出口电导率由 5.08S/m 上升至 7.28S/m。

3.控压循环观察，配制堵漏浆

12：30 至 14：18，控压循环，排量 15L/s，泵压 6~8.5MPa，套压 3.9~6.2MPa，地面配制浓度 15%、密度 2.13g/cm³ 堵漏剂 27m³。

4.正注堵漏浆

14：18 至 14：50，正注浓度 15%、密度 2.13g/cm³ 堵漏浆 18m³，排量

12~15L/s，立压 6.1~10.6MPa，套压 4.4~5.1MPa，堵漏成功，继续循环加重。

5. 第二次循环加重

14：50 至 18 日 03：30 边循环边加重提密度至 2.26g/cm³，排量 17L/s，立压由 7.1MPa 上升至 9MPa，再下降至 7.1MPa，套压由 5MPa 上升至 6.4MPa，再下降至 0，入口密度 2.13~2.26g/cm³，出口密度 1.77~2.23g/cm³；至 07：00 控压循环观察，无异常，入口密度 2.25~2.26g/cm³，出口密度 2.20~2.24g/cm³。

6. 开井循环观察，二次溢流

03：30 至 14：03 开井循环，出口流量增大，液面上涨 0.5m³，入口密度 2.20~2.25g/cm³，出口密度 1.97~2.24g/cm³，14：06 关井，立压为 0，套压 0.9MPa，至 14：56 关井观察，立压由 0 上升至 3.8MPa，套压由 0.9MPa 上升至 3.2MPa。

7. 第三次循环加重

14：56 至 19：12 边循环边加重提密度至 2.32g/cm³，排量 15~17L/s，泵压由 12.8MPa 下降至 9.2MPa，套压由 3.8MPa 上升至 8.5MPa，再下降至 0，开井循环观察无异常，压井成功。

（四）原因分析

（1）第一次溢流：实际地层压力高于预测地层压力，实钻钻井液密度不能平衡地层压力。嘉二段预测地层压力系数 1.70，设计钻井液密度 1.77~1.85g/cm³，实际使用密度 2.05g/cm³ 钻井液钻进发生溢流，根据求得关井立压 5.5MPa，计算地层实际压力系数为 2.17。

（2）第二次溢流：钻井液密度不均匀。第二次溢流时测得钻井液入口密度 2.20g/cm³，低密度钻井液进入井筒，造成液柱压力降低。

（五）经验教训

（1）该地区局部存在异常高压，应加强地层压力研究，准确预测地层压力。

（2）发现溢流未及时关井。该井 04：55 发现出口流量由 28% 上升至 35.8%，循环观察 10min，液面上涨 1.24m³ 进行关井，未严格执行"发现溢流立即正确关井，疑似溢流立即关井检查"的原则。

（3）压井期间发生井漏，优先进行承压堵漏，提升漏失地层承压能力。

案例 6　PT105 井嘉陵江组溢流事件

（一）基本情况

PT105 井是部署在四川盆地川中古隆起北斜坡蓬莱地区斜坡带的一口评价

直井，嘉二段预测地层压力系数 2.20，设计钻井液密度 2.27~2.35g/cm³，上层 ϕ250.83mm+ϕ257mm 套管下至 3695.25m（嘉二³亚段顶部），井口安装 28-105 防喷器组。

（二）事件经过

2022 年 3 月 9 日 11：48，该井使用密度 2.33g/cm³ 钾聚磺钻井液、ϕ215.9mm 钻头四开钻进至井深 3734.38m（嘉二³亚段）气测异常，出口流量增大，液面上涨 1.1m³，11：51 关井，立压 0.4MPa，套压 12.2MPa，总溢流量 2.3m³（图 1-2）。

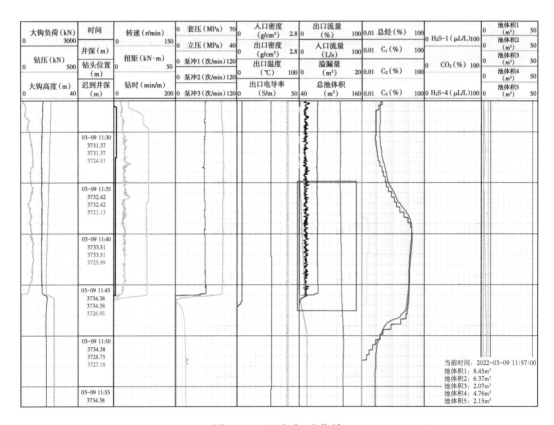

图 1-2　溢流实时曲线

（三）处置过程

1. 关井求压

13：00 采用憋压法求取关井立压 3.7MPa，折算实际地层压力系数 2.43。

2. 配制压井液

13：00 至 16：00，配制密度 2.43~2.45g/cm³ 压井液 200m³，套压 12.2MPa 稳定。

3. 工程师法压井

16：00 至 19：10，正注密度 2.43~2.45g/cm³ 压井液 184.8m³，排量 13~24L/s，

立压由 3.5MPa 上升至 22.9MPa，套压由 12.5MPa 下降至 0，火焰高度由 6m 至熄灭，开井循环正常。

（四）原因分析

（1）实际地层压力高于预测地层压力，实钻钻井液密度不能平衡地层压力。该井嘉二段预测地层压力系数 2.20，设计钻井液密度 2.27~2.35g/cm³，实际使用 2.33g/cm³ 钻井液发生溢流，根据求得关井立压 3.7MPa，折算实际地层压力系数 2.43，最终使用 2.45g/cm³ 压井液压井后套压归零，火焰熄灭。

（2）根据物探地震南北向、北西南东向须家河组底—嘉二² 亚段底（2966~3360m，3616~3816m）褶皱明显，存在局部异常高压。

（五）经验教训

（1）该地区局部存在异常高压，应加强地层压力研究，准确预测地层压力。

（2）压井液密度安全附加值偏低，导致后期多次溢流。3月10日采用 2.45g/cm³ 压井液压井后，至15日循环处理钻井液期间，出现 2 次停泵后出口不断流、2 次循环时液面上涨，最终压井液密度上提至 2.59g/cm³ 压稳地层，起下钻正常。

案例7　Y101H2-4 井宝塔组溢流事件

（一）基本情况

Y101H2-4 井是部署在川南低褶带阳高寺构造的一口开发水平井，龙马溪组预测地层压力系数 2.25，设计钻井液密度 2.32~2.40g/cm³（变更后 2.05~2.40g/cm³），无宝塔组相关信息，上层 φ250.83mm+φ244.5mm 套管下至 2993.62m（韩家店组顶部），井口安装 28-105 防喷器组。

（二）事件经过

2021 年 6 月 29 日 20：00，该井使用密度 2.10g/cm³ 油基钻井液、φ215.9mm 钻头四开钻进至井深 5187.16m（宝塔组）发现出口流量增大，液面上涨 1.5m³，20：02 关井，立压为 0，套压 1.27MPa，20：30 套压由 1.27MPa 上升至 2.67MPa。

（三）处置过程

1. 关井求压

20：55，采用憋压法求取关井立压 1.2MPa，折算地层压力系数 2.13。

2. 配制压井液

20：55 至 22：10，配制密度 2.18g/cm³ 油基压井液 210m³，期间套压 2.67MPa

无变化。

3. 工程师法压井

22：10 至 30 日 02：20，正注密度 2.18g/cm³ 压井液 204m³，排量 16~20L/s，立压由 19MPa 上升至 20.36MPa，再下降至 14.76MPa，套压由 3MPa 上升至 3.4MPa，再下降至 0.12MPa，火焰高度由 3~5m 下降至 0.2m。

4. 节流循环排气

02：20 至 04：15，维持钻井液入口密度 2.18g/cm³，排量 20~22L/s，泵压 22~27MPa，套压由 0.12MPa 下降至 0，火焰熄灭，开井出口断流。

（四）原因分析

（1）实钻钻井液密度偏低，液柱压力不能平衡地层压力。龙马溪组预测地层压力系数 2.25，设计钻井液密度 2.32~2.40g/cm³，因前期井漏，钻井液密度变更为 2.05~2.40g/cm³，实钻钻井液密度 2.10g/cm³，低于地层压力系数。

（2）该井设计四开在龙马溪组水平段钻进，因断层影响，地层错断，意外钻至宝塔组。

（五）经验教训

（1）工程、地质设计不全面。未充分考虑裂缝、断层对地层压力和错断的影响，未对宝塔组等邻近层位地层压力系数进行预测。

（2）钻井液密度变更风险识别不到位。变更后钻井液密度下限远低于预测地层压力系数，差值 0.15，未充分识别钻井液密度过低带来的溢流风险。

（3）安全附加值偏低。根据求得关井立压折算地层压力系数 2.13，实际压井液密度 2.18g/cm³，安全附加值 0.05，低于《西南油气田钻井井控实施细则》"气井附加值为 0.07~0.15g/cm³"的要求，导致工程师法压井后循环排气。

（4）川南深层页岩气区域裂缝、断层发育，应详细参照断层发育和地层走向等资料，地质导向应加强井眼轨迹控制，避免钻出箱体。

案例 8　N209H69-1 井龙马溪组溢流事件

（一）基本情况

N209H69-1 井是部署在长宁背斜构造中奥陶统顶部构造南翼的一口开发水平井，龙马溪组预测地层压力系数 1.33，设计钻井液密度 1.48~2.0g/cm³，上层 ϕ244.5mm 套管下至 1606.11m（石牛栏组顶部），井口安装 28-70 防喷器组。

（二）事件经过

2021 年 11 月 23 日 2：15，该井用密度 1.75g/cm³ 油基钻井液、ϕ215.9mm 钻头三开钻至井深 2486.27m（龙马溪组），02：37 钻井液涌出转盘面，冲脱导流管（前期池体积、出口流量、气测值无变化），02：39 井涌自停，环空灌浆 2.6m³ 见返，观察井口无异常，当班司钻未关井（期间带班队长一直在钻台，未指导司钻关井），02：40 日费制钻井管理员上钻台，认为是"一股气"，误判并要求"不需要关井"，02：50 钻井队长上钻台，观察井口无异常，未要求关井，03：15 驻井工程监督接到通知上钻台，要求关井观察，但未被采纳，04：01 项目建设单位指令必须关井，现场实施关井（立压、套压均为 0）。

（三）处置过程

1. 原浆控压循环排气

04：01 至 11：41，经液气分离器循环排气，排量 9~20.5L/s，控制套压 0.67~2.9MPa。

2. 关井观察

11：41 至 12：23，停泵观察，套压 0.4MPa（图 1-3）。

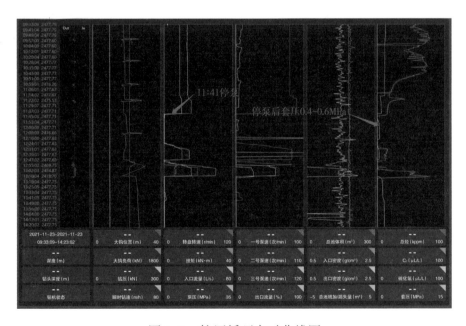

图 1-3　控压循环实时曲线图

3. 循环排气

12：23 至 12：47，全开节流阀循环，排量 20.5L/s，套压为 0。

4. 开井循环，再次井涌

12：23 至 13：10 开井，循环，钻井液再次涌出转盘面，关井，立压为 0，套压 1.16MPa，至 13：45 采用憋压法求得关井立压 0.36MPa，折算地层压力系数 1.77。

5. 边循环边加重压井

13：45 至 24 日 8：20，边循环边加重将钻井液密度缓慢上提至 1.85g/cm³，排量 13.5~20.3L/s，立压 7.9~14MPa，套压由 1.59MPa 上升至 2.25MPa，再下降至 0，火焰 4m 至熄灭，开井出口断流，压井结束（图 1-4）。

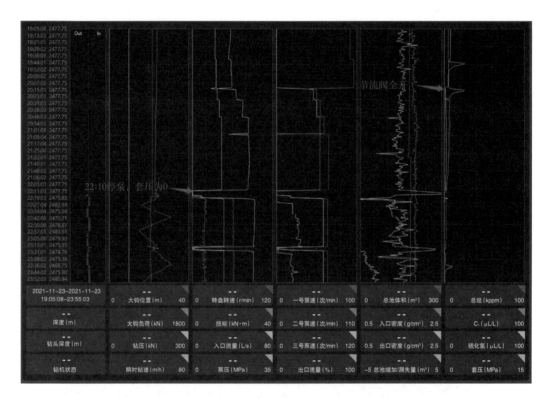

图 1-4　压井处置实时曲线图

（四）原因分析

（1）第一次溢流：实际地层压力高于预测地层压力，实钻钻井液密度不能平衡地层压力，该井龙马溪组预测地层压力系数 1.33，设计钻井液密度 1.48~2.0g/cm³，实际使用 1.75g/cm³ 钻井液钻进发生溢流，根据求得关井立压 0.36MPa，折算实际地层压力系数 1.77，最终使用 1.85g/cm³ 压井液压稳地层。

（2）第二次溢流：第一次原浆节流循环排气后，停泵观察 42min，无循环压耗，井底压力降低，不能平衡地层压力，气体侵入井筒引发二次溢流。

（五）经验教训

（1）该地区微裂缝发育，局部存在异常高压，易发生溢流，且来势凶猛，应加强地层压力研究，准确预测裂缝分布和地层压力，设计合理钻井液密度。

（2）关键岗位井控意识淡薄，井控能力欠缺，未执行"发现溢流立即正确关井，疑似溢流立即关井检查"要求。

①司钻违章操作。循环发旋导指令时，钻井液涌出转盘面，冲脱防溢管的导流管，司钻立即停泵、停顶驱、上提钻具，井口 1min30s 后井涌自停，当班司钻未关井，未执行"发现溢流立即正确关井，疑似溢流立即关井检查"，未落实"司钻是溢流关井第一责任人"岗位职责。

②带班队长履职不力。井涌期间带班队长一直在钻台上，未指导司钻关井。

③日费制钻井管理员违章指挥。井涌自停后 30s，日费制钻井管理员上钻台，询问司钻监控的钻井参数情况，确认钻井参数无异常，查看录井数据无明显溢流显示，认为是"一股气"，误判并要求"不需要关井"。

④钻井队长违章指挥。井涌自停后 11min30s，钻井队长上钻台观察井口情况，与日费制钻井管理员商量后，认为不是溢流，未要求关井。

案例 9　GS103-C1 井灯影组溢流事件

（一）基本情况

GS103-C1 井是部署在四川盆地乐山—龙女寺古隆起区构造的一口滚动评价水平井，灯影组预测地层压力系数 1.14，设计钻井液密度 1.08~1.30g/cm³（精细控压），上层 ϕ177.8mm 套管下至 5312m（灯四段顶部），井口安装 35-70 防喷器组。

（二）事件经过

2021 年 5 月 24 日 05：42，该井使用密度 1.14g/cm³ 钾聚磺钻井液、ϕ149.2mm 钻头五开精细控压带漏钻进至 6176.87m（灯影组）钻遇放空，放空井段 6176.87~6178.11m；05：50 继续钻进至 6180.10m，漏失钻井液 3.2m³，控压 3~4MPa 循环；06：40 出口流量增大；06：42 关井，立压 4.3MPa，套压 10.5MPa，溢流量 0.8m³（表 1-2）。

表 1-2　GS103-C1 井放空井段统计

放空	井段（m）	段长（m）	放空	井段（m）	段长（m）
第一次	5498.07~5499.00	0.93	第六次	6155.21~6156.21	1.00
第二次	5507.00~5507.30	0.30	第七次	6176.87~6178.11	1.24
第三次	5508.70~5509.00	0.30	第八次	6238.33~6238.83	0.50
第四次	5738.00~5740.00	2.00	第九次	6351.10~6351.63	0.53
第五次	6125.88~6127.10	1.22	第十次	6355.00~6356.48	1.48

（三）处置过程

控压节流循环排气：06：45 至 10：17，原浆控压节流循环排气，立压 9.4~25.3MPa，套压由 10.5MPa 上升至 13.7MPa，再下降至 0，排量 6~16.5L/s，焰高 3~6m 至熄灭，平均漏速由 7m^3/h 下降至 2.5m^3/h，恢复精细控压钻进。

（四）原因分析

钻遇缝洞，井漏气液置换引发溢流。钻至 6176.87~6178.11m 井段放空，漏失钻井液 3.2m^3，气液置换侵入井筒引发溢流。

（五）经验教训

（1）未执行《西南油气田钻井井控实施细则》关于"油气层钻进作业中发生放空、严重井漏、钻井液出口流量增大等异常情况应关井检查"的要求。

（2）溢流后未求取关井立压。本次溢流关井后立压 4.3MPa，套压 10.5MPa，在未求立压的情况下，虽原浆循环排气后恢复控压钻进，但原则上关井后应求取关井立压，准确掌握地层压力，为后期压井提供准确依据。

（3）油气层钻进中，带漏钻进期间，应做好"漏溢转换"井控风险的识别。

案例 10　LY2 井飞仙关组溢流事件

（一）基本情况

LY2 井是部署在川东南中隆高陡构造区黄瓜山—坛子坝构造带的一口预探直井，飞仙关组预测地层压力系数 1.25，设计钻井液密度 1.32~1.40g/cm^3，上层 ϕ339.7mm 套管下至 1216.39m（嘉陵江组二段顶部），井口安装 35-35 防喷器组。

（二）事件经过

2022 年 8 月 21 日 04：25，用密度 1.28g/cm^3 钻井液、ϕ311.2mm 钻头三开

钻进至 1366.44m（飞仙关组），出口流量增大，液面上涨 0.5m³，04：27 关井，液面累计上涨 1.5m³，立压、套压均为 0。

（三）处置过程

1. 关井观察，求取立压

至 05：40 关井观察，套压由 0 上升至 6MPa，期间两次采用憋压法求取关井立压为 0。

2. 边循环边加重压井

05：40 至 22 日 01：00，边循环边加重，分段上提钻井液密度至 1.65g/cm³，排量 12~52L/s，立压 2.5~15MPa，套压由 6MPa 下降至 0，火焰高度 3~15m 至熄灭，开井观察，出口断流，压井成功。

（四）原因分析

（1）实际地层压力高于预测地层压力，实钻钻井液密度不能平衡地层压力：飞仙关组预测地层压力系数 1.25，设计钻井液密度 1.32~1.40g/cm³，采用密度 1.65g/cm³ 压井液压稳地层。

（2）实际钻井液密度低于设计下限。该井发生溢流前，正逐步上提密度至 1.28g/cm³，但尚未提至设计范围，实际密度低于设计下限（1.32~1.40g/cm³）。

（五）经验教训

（1）该地区局部存在异常高压，应加强地层压力研究，准确预测地层压力。

（2）在揭开新地层前，应严格按照设计要求调整钻井液密度，严禁钻井液密度不符合设计要求钻开新地层。

（3）关井立压求取不准确，导致压井时间长。关井后求取关井立压为 0，但压井过程中压井液密度由 1.28g/cm³ 上升至 1.65g/cm³ 后火焰熄灭。

（4）发生溢流后，应尽可能求取准确关井立压，为后续处置提供有效依据。

第二节　起下钻作业典型案例

案例 11　LX1 井茅口组溢流事件

（一）基本情况

LX1 井为龙岗地区二叠系台缘滩带的一口预探井。该井茅口组预测地层压力系数 2.15，设计钻井液密度 2.22~2.30g/cm³，上层套管为 ϕ219.08mm 悬挂套管，下深 6013.76~6762.53m，井口安装 28-140 防喷器组。五开井段多次钻遇良好显示，气层活跃（表 1-3）。

表 1-3　五开 190.5mm 井眼钻遇显示统计

序号	井段（m）	段长（m）	层位	岩性	全烃	显示历时（min）	钻井液密度（g/cm³）
1	7020~7025	5	吴家坪组	石灰岩	由 1.30% 上升至 7.00%	126	2.15
2	7034~7035	1	吴家坪组	石灰岩	由 1.17% 上升至 7.63%	58	2.15
3	7045~7047	2	吴家坪组	石灰岩	由 1.00% 上升至 2.81%	48	2.22
4	7220~7221	1	茅一段	石灰岩	由 0.47% 上升至 3.2%	22	2.25
5	7248~7250	2	茅一段	石灰岩	由 0.60% 上升至 7.67%	422	2.25~2.30
6	7254~7255	1	茅一段	石灰岩	由 2.42% 上升至 8.22%	22	2.3
7	7258~7260	2	茅一段	石灰岩	由 3.97% 上升至 10.04%	70	2.3

（二）事件经过

2021 年 5 月 22 日 00：50，用 φ190.5mm 钻头、密度 2.34g/cm³ 钻井液通井至井深 7276m（茅一段）。起钻前测得油气上窜速度 17.32m/h。23 日 01：50 起钻完，关井做电测准备。01：53 套压由 0 上升至 0.1MPa，02：02 套压上升至 0.9MPa。

坐岗记录校核：钻井应灌 31.8m³，实灌 31.9m³；录井应灌 31.9m³，实灌 32.3m³，实际灌入量与理论灌入量相符。

（三）处置过程

1. 抢接双回压阀，抢下 101.6mm 钻杆

02：02 至 05：55，抢下钻具（接双回压阀）至井深 1385m，溢流量 3.5m³，累计溢流量 3.5m³。

2. 安装精细控压总成，抢下 127mm 钻杆

05：55 至 08：35，安装精细化控压总成，控压 4~7MPa 抢下 127mm 钻具至井深 2126m，溢流量 1.4m³，累计溢流量 4.9m³。

3. 替入重浆提高液柱压力

08：35 至 11：30，控压 4~6MPa，正注密度 2.50g/cm³ 钻井液 92m³，提高

上部井段液柱压力 3.3MPa。关井，立压 8.0MPa，套压 7.6MPa。

4. 关井观察

11：30 至 13：10，关井观察，立压由 8.0MPa 下降至 4.3MPa，套压由 7.6MPa 下降至 4.5MPa，调节节流阀泄圈闭压（回流 0.13m³），套压由 4.5MPa 下降至 3.1MPa 后基本稳定。

5. 继续控压 3MPa 下钻至井深 6005m

13：10 至 24 日 05：20，地面控压 2.7~3.0MPa，继续抢下 127mm 钻具至井深 6005m，期间排出钻井液正常。关井，立压 0.5MPa，套压 7.2MPa。同时配制 2.40g/cm³ 压井液。

6. 循环压井

05：20 至 12：30，使用密度 2.40g/cm³ 压井液循环压井，套压由 10MPa 下降至 0.5MPa，返出密度 2.32~2.42g/cm³ 污染钻井液，出口火焰高由 2m 上升至 15m，再下降至 1.5m。

7. 下钻到底

12：30 至 25 日 06：30，经精细控压下钻至井底 7276m，出口火焰 0.5~2.5m，气体流量 85~270m³/h。

8. 控压循环排气

06：30 至 12：30，逐步控套压由 0 上升至 2.3MPa，再下降至 0.4MPa 循环排气，进出口密度 2.38g/cm³ 一致，出口火焰熄灭。

（四）原因分析

（1）预测地层压力系数偏低。预测茅口组地层压力系数 2.15（后期实测地层压力系数 2.28）。

（2）起钻前观察时间不够下步作业的安全时间。

（3）裸眼起钻速度 0.44m/s，比上次起钻速度（0.39m/s）加快，造成抽吸压力增大，附加密度 0.06g/cm³（4.2MPa）已经不能抵消抽吸压力，造成井筒压力失衡（图 1-5）。

（五）经验教训

（1）加强地层压力预测，准确预测地层压力。

（2）静止观察时间应满足下步作业时间的要求。

（3）同样的井眼状况，不同起钻速度对抽吸压力影响很大，要严格控制油气层起钻速度，有条件的井在裸眼段采用精细控压设备控压起钻。

（4）对于高密度、小井眼、油气显示活跃的井在附加密度的选择上，宜采用中上限，以减小起钻抽吸的影响。

（5）对于空井发生溢流的井，应优先考虑压回气侵流体，戴好重浆帽再进行抢下钻具作业。

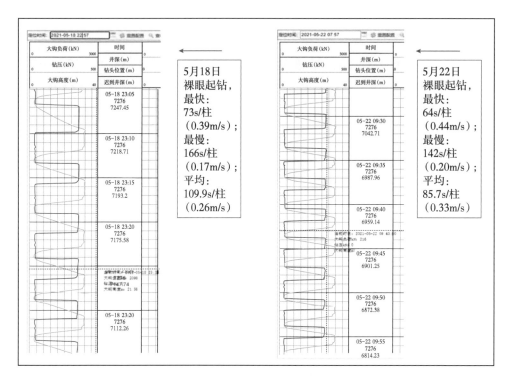

图 1-5　近两次起钻速度对比

案例 12　PT109 茅口组溢流事件

（一）基本情况

PT109 井为川中古隆起北斜坡蓬莱地区斜坡带的一口评价井，该井茅口组预测地层压力系数 2.20，设计钻井液密度（精细控压）2.20~2.40g/cm^3，上层 ϕ282.58mm 套管下至 3747.87m，井口安装 28-105 防喷器组。

（二）事件经过

2021 年 6 月 22 日在井深 4880.81m（茅二段）处转换为油基钻井液体系，23 日 11：00 该井使用密度 2.35g/cm^3 油基钻井液、ϕ241.3mm 钻头精细控压钻进至 4882m（茅二段），短起下（井段：4016~4882m），循环（时间 5.17h，大于 1.5 个循环周期）。后效情况：停泵 8.48h，全烃峰值 62%，持续时间 89min，密度由 2.35g/cm³ 下降至 2.29g/cm³，再上升至 2.33g/cm³，液面无变化，无气体流量，点火不燃，油气上窜速度 84.23m/h，上窜高度 714m，后效归位井段 4766.50~4767.50m（茅三段）。

6 月 24 日 08：00 至 21：36 起钻铤至井深 64m（倒数第三柱），坐岗工发现灌浆异常，应灌 0.4m³，实灌 0，立即上报司钻和值班干部，值班干部到循环罐确认情况属实，出口线流，考虑钻具重量轻，决定起钻完，于 22：25 空井关井，核实溢流量 1m³（起钻应灌钻井液 27m³，实灌 26m³），关井立压、套压均为 0（图 1-6）。

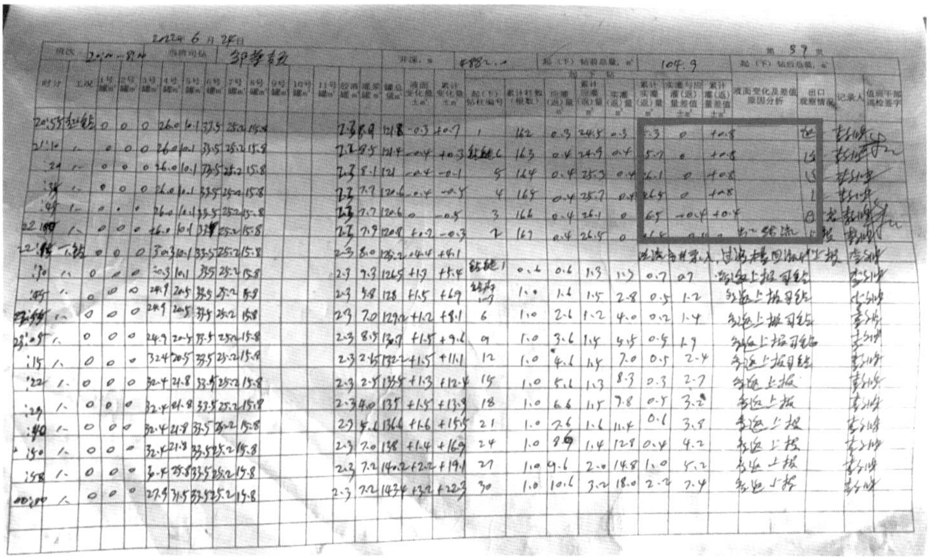

图 1-6　灌浆量原始记录

（三）处置过程

1. 抢下钻具

24 日 22：25 至 25 日 00：00 抢下钻具至井深 887.15m，累计液面上涨 9.8m³。

2. 关井观察

25 日 00：00 至 08：35 关井观察，准备压井液（01：10 后套压稳定在 10.7MPa，立压为 0）。

3. 控压循环盖重浆帽

08：35 至 19：35 经节流管汇压井施工，正注密度 2.50g/cm³ 油基压井液 57.3m³，漏失 43.1m³，分离器出口点火未燃；停泵关井观察，套压 10.3MPa；开液动平板阀，经液气分离器泄压，套压由 10.3MPa 下降至 8.4MPa，液面上涨 1.4m³，出口未断流；关液动平板阀，套压由 8.4MPa 上升至 8.8MPa；关井观察，套压由 8.8MPa 上升至 10.1MPa，立压为 0。

4. 反推压井液

19：35 至 26 日 00：00 反推密度 2.50g/cm³ 水基钻井液 230m³，排量 27~31L/s，立压由 9.5MPa 下降至 3.2MPa，套压由 10.1MPa 下降至 1.5MPa。

5. 控压下钻至套管鞋循环排气

26 日 00：00 至 14：30 控压下钻至井深 3759.23m，套压 1.3~2.8MPa。

14：30 至 17：13 控压循环排气，排量 16~25L/s，立压 18.6~22.4MPa，套压 0.9~1.7MPa，入口密度 2.45~2.46g/cm³，出口密度 2.41~2.44g/cm³，液面累计漏失 12.7m³，现场风险可控，解除应急状态。

（四）原因分析

（1）钻井液密度偏低，油气上窜速度过快，不具备安全起钻条件。

（2）起钻铤发现溢流未及时关井。

（3）裸眼段正式起钻速度为短起钻速度的 2 倍，导致短起下钻测得的油气上窜速度不再适用于此次起下钻，实际油气上窜速度更快（表 1-4）。

表 1-4　短起、长起起钻速度对比分析

序号	项目	最快速度（m/s）	最慢速度（m/s）	平均速度（m/s）
1	短起	0.35（85s/柱）	0.04（679s/柱）	0.16（191s/柱）
2	长起	0.47（63s/柱）	0.22（135s/柱）	0.32（93s/柱）

（五）经验教训

（1）测得的油气上窜速度过快，不满足安全起钻要求时，必须调整钻井液密度达到安全起钻条件。

（2）应严格执行《西南油气田钻井井控实施细则》，发现溢流立即正确关井，疑似溢流立即关井检查。

（3）正式起钻速度不应快于短起钻速度，保证测得的油气上窜速度的有效性。

案例 13　N216H5-1 井龙马溪组溢流事件

（一）基本情况

N216H5-1 井为长宁背斜构造中奥陶统顶部构造南翼的一口开发水平井，

该井龙马溪组预测地层压力系数 1.2，设计钻井液密度 1.95~2.32g/cm³，上层 ϕ244.5mm 套管下至 1343.84m，井口安装 35-35 防喷器组。

前期钻井情况：2019 年 5 月 9 日用密度 1.95g/cm³ 钻井液钻至 2120m（龙马溪组）发生溢流，将钻井液密度上提至 2.00g/cm³ 后压稳地层，恢复钻进；12 日用密度 2.00g/cm³ 钻井液钻至 2741.71m（龙马溪组）井漏，使用浓度 20% 随钻堵漏浆堵漏成功，恢复钻进。

（二）事件经过

2019 年 5 月 13 日 02：00，该井使用密度 1.98g/cm³ 钻井液、ϕ215.9mm 钻头四开钻进至井深 2867m（龙马溪组），循环两周，14 日 06：00 倒划眼起钻至 2140m（期间井下微漏），13：50 起钻至 406.81m 出口不断流，溢流量 1.8m³；13：52 关井，立压为 0，套压 4MPa；14：57 关井观察，立压为 0，套压由 4MPa 上升至 11.7MPa。

（三）处置过程

1. 压井准备

通过参考邻井资料及相关处理经验，现场最终选用 2.25g/cm³ 压井液压井。

2. 循环排气

14：57 至 16：17 节流循环排气，正注密度 2.25g/cm³ 压井液 18m³，套压由 11.7MPa 下降至 7MPa，立压 5~7.5MPa，出口焰高 3~8m 至熄灭。

3. 正挤压井

16：17 至 19：05 正挤密度 2.25g/cm³ 压井液 8.3m³，停泵观察，立压由 5.2MPa 下降至 1.5MPa，套压由 3.8MPa 下降至 0.9MPa；继续正挤密度 2.25g/cm³ 压井液 10m³，停泵观察，立压、套压归零。

4. 下钻、节流循环排气

19：05 至 15 日 02：30 敞井观察出口断流，安装旋转防喷器胶芯，下钻至井深 1322m，出口返出正常。

02：30 至 08：20 节流循环排气，入口密度 2.20g/cm³，出口密度 2.18g/cm³，立压由 3.7MPa 上升至 9.1MPa，套压由 1.2MPa 上升至 1.6MPa，再下降至 0，出口点火焰高 5~8m 至熄灭，平均漏速 4.5m³/h，漏失钻井液 26m³。

08：20 至 09：30 静止观察，立压、套压均为 0，开井出口断流，准备起钻简化钻具堵漏。

5. 起钻，分段挤注重浆帽

09：30 至 12：20 起钻至井深 783.06m，关井正挤密度 2.27g/cm³ 的钻井液 6.0m³，反挤密度 2.20g/cm³ 的钻井液 9.0m³。

12：20 至 14：40 起钻至井深 514.44m，关井正挤密度 2.40g/cm³ 的钻井液 5.4m³，反挤密度 2.20g/cm³ 的钻井液 5m³。

14：40 至 17：00 起钻完。

6. 分段节流循环下钻到底

17 日简化钻具组合、分段节流循环排气下钻至井底，进行堵漏作业。

7. 恢复钻进

后期使用密度 2.05g/cm³ 钻井液恢复钻进。

（四）原因分析

（1）起钻前未按规定进行短程起下钻检测油气上窜速度，满足井控安全要求才能进行起下钻作业。

（2）关键岗位溢流发现能力不足，起钻未认真校核钻井液灌入量。液面坐岗记录显示，5月14日09：45至11：20（41~56柱）实际灌浆量每3柱0.7~1.3m³，11：20至11：47（59~68柱）实际灌浆量每3柱降至0.2~0.4m³（每3柱钻具体积0.4m³），累计钻井液增量1.8m³。当前灌入量已小于起出钻具体积，而液面坐岗人员未及时发现异常情况（图1-7）。

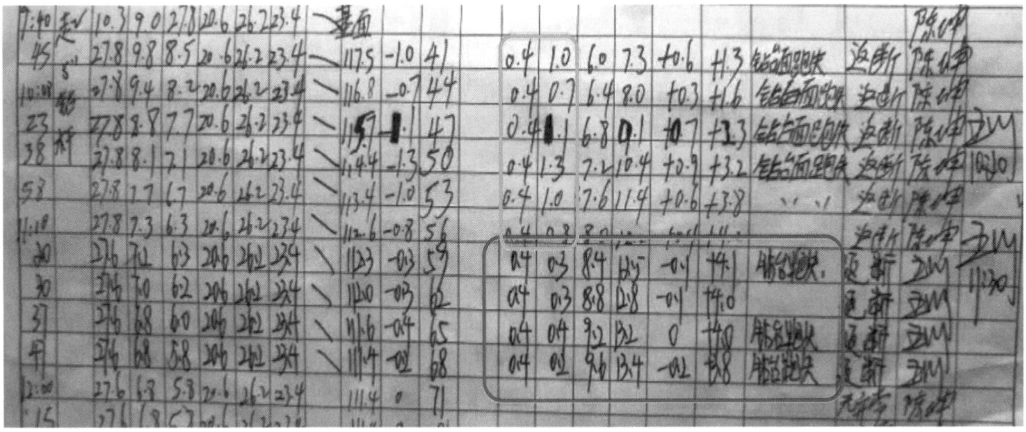

图 1-7　灌入量小于钻具体积时坐岗记录情况

（3）干部24h值班制度执行不到位。值班干部未对坐岗记录的关键信息进行复核，未及时发现溢流。

（五）经验教训

（1）严格执行《西南油气田钻井井控实施细则》，钻开油气层后应坚持用短程起下钻方法检测油气上窜速度，满足井控安全要求才能进行起下钻作业。

（2）起钻期间应按规定灌注钻井液，认真校核实际灌入量与起出钻具体积，确保相符。

（3）加强坐岗人员培训，落实坐岗制度，及时发现溢流。

（4）认真落实干部 24h 值班制度。本班值班干部为队长，而坐岗记录审核人却为技术员，未对起钻灌浆量进行认真审核，从管理上来讲干部 24h 值班制度存在管理混乱的状况。

案例 14　Z203H4-6 井茅口组溢流事件

（一）基本情况

Z203H4-6 井是部署在渝西区块西山构造蒲吕场向斜的一口评价井，茅口组预测地层压力系数 1.7，设计钻井液密度 1.77~1.85g/cm³，上层 ϕ339.7mm 套管下至 1519.58m，井口安装 35-70 防喷器组。

（二）事件经过

2022 年 1 月 15 日 06：04 用密度 1.83g/cm³ 钻井液、ϕ311.2mm 钻头三开钻进至井深 3523.86m（茅口组）井漏失返。上提钻具至井深 3520.51m，开泵出口未返（累计注入钻井液 4.5m³）。由于钻具中带有螺杆，起钻简化钻具组合堵漏。06：45 起钻 1 柱至 3501.07m，静止观察；07：15 测得钻具内液面高度 621m；08：32 起钻 11 柱至 3170.82m 静止观察；09：16 接顶驱开泵正注密度 1.83g/cm³ 的钻井液 8m³；09：17 测得钻具内液面高度 509m。09：51 钻井液涌出转盘面，09：52 关井，立压、套压均为 0；10：07 关井观察，立压为 0，套压 4.5MPa。

（三）处置过程

1. 压井准备

10：07 至 16：00 配制浓度 30% 堵漏浆 40m³、补充 1.83g/cm³ 钻井液 200m³，期间先后 8 次向井内正挤密度 1.83g/cm³ 钻井液 47m³（立压 16.5MPa，套压 18.8MPa）。

2. 正注反推堵漏、压井

16：00 至 19：15 正注密度 1.83g/cm³ 压井液 24.5m³，反推浓度 30% 堵漏浆 31m³，排量 20L/s，反推密度 1.83g/cm³ 压井液 229.5m³，排量 30~33L/s，套压

由 15.7MPa 下降至 0。

3. 正反注压井液，经分离器循环排气套压降至零

19：15 至 16 日 13：20 关井观察，立压为 0，套压由 0 上升至 7MPa。

13：20 至 17：52 正注密度 1.77g/cm³ 压井液 144.53m³，立压由 0 上升至 3.1MPa，套压由 7.8MPa 下降至 5.3MPa，焰高由 5~10m 下降至 0，关井观察（立压为 0，套压由 5.3MPa 下降至 4.5MPa），测得钻具内液面高度 679m，从反压井管线连续吊灌密度 1.70g/cm³ 钻井液 74.2m³，节流控压经分离器循环排气，套压由 4.5MPa 下降至 0，焰高由 6~8m 下降至 0，后续转为堵漏作业。

4. 堵漏

后期使用 1.52g/cm³ 钻井液进行堵漏作业。

（四）原因分析

（1）地质预测压力不准确。通过钻具内液面高度折算地层压力系数约 1.50，而预测地层压力系数 1.7，实际使用钻井液密度为 1.83g/cm³ 发生井漏失返。

（2）井漏失返后起钻和静止观察期间未按规定连续吊灌钻井液，液柱压力降低诱发溢流。

（3）起钻过程中和静止观察期间未监测环空液面高度，未能及时发现漏转溢。

（4）本井在进入茅口组前未简化钻具组合。钻具中带有螺杆，导致堵漏方法受限，漏溢同存，在堵漏不成功的情况下进行压井，无法取得准确的地层压力系数，过高的压井液密度使得钻井液进入漏层置换出气体，导致先后两次压井不成功。

（五）经验教训

（1）加强地层压力研究，准确预测地层压力，避免钻井液密度过高引发漏转溢。

（2）严格执行《西南油气田钻井井控实施细则》第四十二条规定，井漏后静液面不在井口，间断或小排量连续反灌钻井液，维持井内钻井液液柱压力大于地层压力。

（3）井漏失返后应监测环空液面高度，及时发现溢流。

（4）按照《页岩气钻井井控管理办法》规定，进茅口组前要甩掉螺杆简化钻具组合。

（5）在发生井漏失返的情况下应认真严格落实坐岗制度，及时发现漏转溢。

案例 15　L203H4-3 井龙马溪组溢流事件

（一）基本情况

L203H4-3 井是部署在奥陶系上统五峰组底界福集向斜北段的一口开发水平井，该井龙马溪组预测地层压力系数 2.00，设计钻井液密度（精细控压）2.07~2.30g/cm³，上层 ϕ250.83mm 套管下至 2893.07m，井口安装 35-70 防喷器组。

（二）事件经过

2021 年 1 月 30 日 17：30 该井使用密度 2.10g/cm³ 钻井液、ϕ215.9mm 钻头钻进至井深 4271.22m，泵压从 36.3MPa 下降至 18MPa，仪器无信号，悬重无明显变化，检查地面设备未发现问题，起钻检查钻具。31 日 08：40 起钻至井深 1098.34m 发现出口外溢，关井，立压为 0，套压 0.5MPa。

（三）处置过程

1. 压井准备

08：40 至 13：45 关井观察，采用憋压法求得立压 1.6MPa，计算地层压力系数 2.25（由于钻头在 1098.34m 处，该计算值仅供参考）。配制 2.40g/cm³ 压井液 55m³。

2. 工程师法压井

13：45 至 17：00 正注密度 2.40g/cm³ 压井液 42.00m³，排量 6~13L/s，立压 5.1~7.2MPa，套压由 3.4MPa 上升至 4.2MPa，再下降至 0，出口点火未燃，停泵后出口断流。

3. 下钻至套管鞋，第二次正循环压井

17：00 至 2 月 1 日 07：00 下钻至 2885m（套管鞋处），控压循环加重至 2.27g/cm³，立压 4.4~11.8MPa，套压 0~1MPa，排量 9~15L/s，出口点火未燃，停泵后出口断流，恢复正常起钻。

（四）原因分析

（1）2.10g/cm³ 钻井液不具备安全起钻的条件。该井前期使用 2.10g/cm³ 钻井液钻进，井下正常，起钻时 2.10g/cm³ 钻井液密度不能平衡地层压力。

（2）钻进时由于泵压异常，未进行起钻安全条件确认。

（五）经验教训

（1）油气层钻进起钻前，应进行安全起钻条件确认。

（2）把井控安全始终放在第一位，当在井控安全与井下故障之间做选择的时候，应以井控安全为重。

（3）现场压井结束后，应重新下钻到底，循环排后效，进行安全起钻条件确认后再起钻。

案例16　L203H91-1井龙马溪组溢流事件

（一）基本情况

L203H91-1井是部署在泸州区块阳高寺构造群福集向斜的一口开发水平井，该井龙马溪组预测地层压力系数2.10，原设计钻井液密度2.17~2.25g/cm³，后变更为2.17~2.35g/cm³，上层ϕ244.5mm套管下至2627.11m，井口安装35-70防喷器组。

（二）事件经过

2021年2月20日12：00使用密度2.35g/cm³钻井液、ϕ215.9mm钻头钻进至井深3416.66m（龙马溪组），钻进扭矩波动大，偶尔波动至22kN·m，顶驱整停，螺杆压差异常，循环起钻。起钻至井深981.67m，发现灌浆困难（3柱理论应灌浆0.3m³，实际灌浆为0），校核灌浆数据，共计少灌0.6m³，立即关井；关井观察30min，关井立压、套压均为0。

（三）处置过程

1. 原钻井液节流循环

12：30至21日00：10未控压节流循环排气，排量10L/s，泵压7.3MPa，套压为0，全烃0.11%，出口点火未燃，池体积增加5.83m³，关井，套压由0上升至4MPa，立压由0上升至3.5MPa。

00：10至04：00控压节流循环排气，排量6L/s，套压5.5~10MPa，立压18~23MPa，全烃0.11%~0.56%，出口点火未燃，液面稳定，钻井液进出口密度均为2.35g/m³。

2. 使用2.50g/cm³储备重浆压井、提高上部井段液柱压力

04：00至13：29使用2.50g/cm³储备重浆压井，排量11.3~20L/s，套压由8.5MPa下降至5MPa，立压由29MPa下降至19MPa，火焰高度由15~20m下降至1~3m。

13：29至22日19：15节流循环排气，释放地层能量，控压5~7.5MPa，全烃25%~32%，火焰高度1~3m。

19：15至23日09：15关井，立压为0，套压由5MPa下降至4.3MPa，安装旋转防喷器。

3. 控压分段下钻，节流循环加重

09：15 至 25 日 20：00 分段控压（0~5MPa）下钻至 2022m、2583m、3163m、3416m，节流循环加重，入口密度 2.43g/cm³，套压由 5MPa 下降至 0，火焰高度由 2~3m 下降至 0，开井断流，压井结束。

（四）原因分析

（1）预测地层压力系数不准确，设计地层压力系数 2.10，实际使用 2.35g/cm³ 钻井液仍然不具备安全起钻条件。

（2）油气层钻进起钻前，未进行短程起下钻检查确认安全起钻条件，导致起钻过程中发生溢流。

（五）经验教训

（1）加强地层压力预测，准确预测地层压力。

（2）油气层钻进起钻前，坚持用短程起下钻方法检查安全起钻条件，不安全不起钻。

（3）气体溢流，关井立压、套压为 0，但是有溢流量时，应该控压节流循环排气，控压值按当量密度 0.07~0.15g/cm³ 或者 3~5MPa 附加，控制液面不涨或微漏。

（4）在溢流量 5.83m³ 的情况下，应采用反推重浆的方式将污染钻井液压回地层。

案例 17　MX022-H25 井茅口组溢流事件

（一）基本情况

MX022-H25 井是部署在磨溪区块 MX22 井区的一口开发水平井，该井茅口组预测地层压力系数 1.76，设计钻井液密度 2.02~2.10g/cm³，上层 ϕ244.5mm+ϕ246.7mm 套管下至 3442.18m，井口安装 35-35 防喷器组。

（二）事件经过

2019 年 2 月 18 日使用密度 2.27g/cm³ 钻井液、ϕ215.9mm 钻头四开钻进至井深 4570m（茅二段）。19 日因钻井液气侵，提密度至 2.32g/cm³，短程起下钻 15 柱灌浆正常，循环 210min（迟到时间 74min），气测达峰值全烃由 11% 上升至 93%，油气上窜速度 46.12m/h，液面上涨 0.6m³，后效持续时间 45min。20 日起钻换钻头，下钻全井深 161.04m，检修顶驱 4.17h（因顶驱升缩臂无法复位导致无法起下钻）。21 日 05：05 下至 3443.52m 套管鞋处开泵测试仪器，08：21 下钻至井深 4381.80m，发现出口未断流，钻井液呈小股状外溢，液面上涨 1.7m³，

08：35 关井，套压由 0 上升至 1.3MPa，累计钻井液增量 4.5m³（图 1-8）。

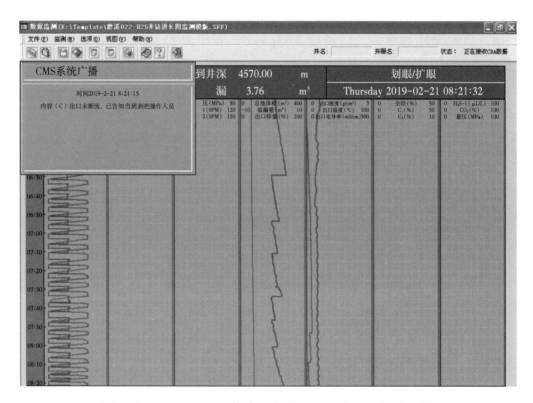

图 1-8　MX022-H25 井液面上涨、出口未断流录井曲线

（三）处置过程

1. 关井观察

08：35 至 09：45 关井观察，立压为 0，套压由 3.6MPa 上升至 9.3MPa。

2. 节流循环排气

09：45 至 12：50 节流循环排气，立压 7MPa、套压 1.7~4.8MPa，出口点火焰高 1.5~2m。

3. 边循环边加重法压井

12：50 至 15：10 边循环边加重，密度由 2.32g/cm³ 上升至 2.35g/cm³，排量 7~10L/s，套压由 4.6MPa 上升至 21MPa，再下降至 0，火焰高度由 1.5m 上升至 10.0m，再下降至 0。

4. 下钻到底，控压循环排气

15：10 至 15：50 停泵下钻至井深 4561.16m。

15：50 至 18：03 控压循环排气，排量 23~28L/s，泵压 9.7~19.4MPa，套压

由 0 上升至 0.9MPa，再下降至 0，火焰高度由 1~2m 下降至 0，恢复钻进。

（四）原因分析

（1）预测地层压力系数过低（1.76），设计钻井液密度 2.02~2.10g/cm^3，实际钻井液密度 2.27g/cm^3，最终使用 2.35g/cm^3 钻井液恢复正常钻进。

（2）起下钻安全作业时间不足。该井进行短程起下钻测油气上窜速度，后效严重，液面上涨 0.6m^3，未调整钻井液密度再次确认安全起钻条件就直接起钻，导致起钻后尚未下钻到底就出现溢流。

（五）经验教训

（1）确认满足安全起钻条件。经短程起下钻检测，后效显示活跃，不具备起钻条件时，应循环排除受侵污钻井液并适当调整钻井液密度至短程起下钻正常后再起钻。

（2）加强坐岗人员的专项培训，要求能正确分析、判断液面变化原因，异常情况及时上报司钻，不达要求不能上岗。

（3）严格执行"发现溢流立即正确关井，疑似溢流立即关井检查"的井控规定，落实"司钻是溢流关井第一责任人"的岗位职责（录井队坐岗人员发现溢流后立即上报当班司钻，但是司钻回答：要请示队领导，延误了关井时机）。

（4）钻井队坐岗人员培训不到位、能力不足，未及时发现溢流。21 日 08：21 下钻至井深 4381.80m，发现出口未断流，出口呈小股状外溢，液面上涨 1.7m^3，录井队坐岗人员才发现，钻井队坐岗人员仍未发现，且钻井队坐岗记录 08：00 至 08：35 期间多处涂改。

第三节　电测作业典型案例

案例 18　TF2 井峨眉山玄武岩组—茅口组顶溢流事件

（一）基本情况

TF2 井是部署在二叠系上统底界龙泉山东斜坡带高部位的一口预探直井，该井峨眉山玄武岩组—茅口组顶预测地层压力系数 2.30，设计钻井液密度（精细控压）2.15~2.40g/cm^3（变更设计），上层 ϕ177.8mm+ϕ184.15mm+ϕ193.68mm 套管下至 5132.17m，井口安装 28-105 防喷器组。

（二）事件经过

2019 年 11 月 22 日该井使用密度 2.17~2.30g/cm³ 油基钻井液、φ149.2mm 钻头五开精细控压钻进至井深 5372m（茅口组顶部）完钻，钻进过程中伴随漏失。

11 月 29 日 23：00 完井电测下放电缆至井深 5002m（钻井液密度 2.30g/cm³），液面正常；23：02 起电缆至井深 4969m 校刻度，出口少量外溢；23：50 下放电缆至井深 5202m，出口线流；23：55 起电缆至井深 5178m，出口线流；30 日 00：15 静止观察，出口线流；关剪切闸板剪断电缆，关井，套压 0.2MPa，液面上涨 0.8m³。

（三）处置过程

1. 关井观察

00：15 至 18：20 关井观察，套压 0.2MPa，准备打捞工具，同时将密度 2.50g/cm³ 储备重浆 75.0m³ 下放到循环管。

2. 压回法压井

18：20 至 18：37 环空反挤密度 2.50g/cm³ 白油基钻井液 5m³，套压由 0 上升至 3MPa，再下降至 0。

18：37 至 19：00 关井观察，套压为 0，开井，出口断流，压井结束，转为打捞电测仪器作业。

（四）原因分析

（1）起电测仪器抽吸诱发溢流。该井峨眉山玄武岩组—茅口组顶漏溢共存，安全密度窗口窄，电测仪器在小井眼（φ149.2mm）中上提产生抽吸诱发溢流。

（2）电测期间井控安全措施未执行到位。测井办公会上要求电测队准备好电缆悬挂器后再施工，但直到溢流发生时仍未到井，导致电测期间发生溢流后延迟 1.2h 关井。

（五）经验教训

（1）电测前最后一趟通井起钻，应认真测算油气上窜速度，确保电测期间的井控安全。

（2）根据本井的井下特点，制定测井期间的井控应急预案，选择合适的测井防喷工具。对于漏喷同存、安全密度窗口窄的复杂井，应安装电缆防喷器并配备电缆悬挂器。要求配套的设备未到场时，禁止施工。

（3）本井打捞电缆损失时间达一月之久。回顾本案例，本井在发生溢流时宜先关闭环形防喷器，反推压井处置。

第四节 下套管／固井作业典型案例

案例19 H202H8-7井石牛栏组溢流事件

（一）基本情况

H202H8-7井是部署在渝西区块来苏向斜中部的一口开发水平井，该井三开 ϕ311.2mm井眼钻至石牛栏组顶部完钻，下入 ϕ244.5mm+ϕ250.83mm复合套管，龙潭组底—石牛栏组顶预测地层压力系数1.60，设计钻井液密度1.67~1.90g/cm³，上层 ϕ339.7mm套管下至928.17m，井口安装35-70防喷器组。

（二）事件经过

2022年3月25日该井使用密度1.94g/cm³钻井液、ϕ311.2mm钻头三开钻进至井深3030m（石牛栏组顶部）中完。3月31日下入 ϕ244.5mm+ϕ250.83mm复合套管至3028m完成，开泵循环，排量由13L/s上升至35L/s，泵压由7MPa上升至13MPa，井下发生渗漏，继续循环观察。4月1日08：37出口流量增大，液面上涨0.77m³，关井，立压为0，套压0.8MPa，至10：45关井观察，立压为0，套压由0.8MPa上升至8.9MPa。

（三）处置过程

1. 原钻井液节流循环

10：45至21：57原钻井液（加入堵漏剂）节流循环排气，排量10~30L/s，立压0.8~8MPa，套压由8.9MPa上升至11.25MPa，再下降至0，焰高由5m上升至11m，再至熄灭，开井出口断流，准备固井，平均漏速8.3m³/h，漏失钻井液93.8m³。

2. 第二次溢流

21：57至2日04：30注前置液后停泵不断流，液面上涨0.85m³，关井，立压为0，套压14.7MPa。

3. 原钻井液节流循环

04：30至16：45采用原浆节流循环排气，排量5~10L/s，立压0~3.3MPa，套压由14.7MPa下降至0，焰高7~15m至熄灭，开井出口断流，平均漏速7m³/h，漏失钻井液85.9m³。

4. 固井封固

16：45至23：44采用正注反打注水泥固井，环空憋压候凝，复杂解除。

（四）原因分析

（1）井漏诱发溢流。下入套管后环空间隙大幅度减小，在循环排量提升至固井设计要求排量 35L/s 过程中发生漏失，后期气液置换，诱发溢流。

（2）本井使用 1.94g/cm³ 钻井液高于设计要求 1.90g/cm³ 上限。

（五）经验教训

（1）钻井液密度应严格执行工程设计。下套管通井起钻前，应调整钻井液性能。

（2）对于窄密度窗口，固井作业前，应进行承压试验。必要时进行预堵漏，满足固井作业要求。

（3）下套管作业完应精细操作，缓慢开泵，逐级提升钻井液排量，避免循环阻力大引发井下漏失。

案例 20　SY001-X9 井茅口组溢流事件

（一）基本情况

SY001-X9 井是部署在卢家漕构造上二叠统底界构造高点附近的一口滚动评价斜井，该井茅口组预测地层压力系数 1.82，设计钻井液密度 1.89~2.25g/cm³，上层 ϕ219.08mm 悬挂套管下至 4267~6346m，井口安装 28-105 防喷器组。

（二）事件经过

2021 年 6 月 22 日该井使用密度 2.14g/cm³ 钻井液、ϕ190.5mm 钻头五开钻进至井深 7605m（茅口组）中完，本开使用控压固井工艺。8 月 9 日使用 127mm 钻杆送 ϕ168.28mm 悬挂尾管至井深 4181.87m（尾管长 1916m），安装旋转防喷器胶芯，精细控压循环降密度由 2.14g/cm³ 下降至 2.05g/cm³，泵压 12.5~15.0MPa，套压由 0 上升至 2.0MPa。8 月 10 日 05：17 精细控压地面反循环下尾管至井深 6584.15m，发现液面上涨 0.5m³，05：20 关井，立压为 0，套压由 3MPa 上升至 8MPa，累计钻井液增量 1.7m³。

（三）处置过程

1. 关井观察

05：20 至 08：32 关井观察，立压为 0，套压由 8MPa 上升至 15.4MPa。

2. 反推法压井

08：32 至 10：03 环空反挤密度 2.14g/cm³ 压井液 50m³，排量 3.4~12L/s，套压由 15.4MPa 上升至 30.4MPa，再下降至 15.6MPa，停泵观察，套压由

15.6MPa 下降至 6.4MPa。

10：03 至 11：08 环空反挤密度 2.14g/cm³ 压井液 30m³，排量 12L/s，套压由 6.4MPa 上升至 15.7MPa，停泵观察，套压由 15.7MPa 下降至 0.4MPa。转为精细控压加回压下尾套管作业。

3. 下尾管到底

11：08 至 17：00 精细控压加回压下尾管到底，进行注水泥作业。

（四）原因分析

主动降低钻井液密度，钻井液密度由 2.14g/cm³ 下降至 2.05g/cm³，静液柱压力下降 3.69MPa，因而引发溢流。

（五）经验教训

（1）采用精细控压固井技术应取得准确的地层压力密度窗口值，避免盲目降密度引发的井控风险。

（2）准确计算固井水泥浆柱设计，应满足固井作业全过程的压力平衡，最好保持微漏状态，确保固井质量。

案例 21 SY001-H6 井栖霞组溢流事件

（一）基本情况

SY001-H6 井是部署在田坝里构造上二叠统底界构造北倾没端的一口滚动评价水平井，该井栖霞组预测地层压力系数 1.30，设计钻井液密度 1.37~1.45g/cm³（变更后为 1.21~1.45g/cm³），上层 ϕ184.15mm 悬挂套管下至 3693.95~7672m，井口安装 28-105 防喷器组。

（二）事件经过

该井四开下入 ϕ184.15mm 悬挂套管至 7672m，使用 1.94g/cm³ 钻井液钻上塞及部分下塞时，起下钻无后效显示；当全井替换为 1.45g/cm³ 钻井液后，静止观察 5.5h，液面正常，循环 105min 见后效显示，全烃由 2.59% 上升至 5.05%，疑似喇叭口窜气。

2022 年 2 月 2 日 22：05 用 ϕ149.2mm 钻头、密度 1.45g/cm³ 油基钻井液钻进至井深 7720.52m（栖霞组）井漏失返，环空吊灌配堵漏浆。3 日 18：20 正注密度 1.40g/cm³、浓度 30% 复堵浆 17m³ 堵漏，堵漏浆尚未出钻头时，地层漏失通道已自行关闭，循环液面正常。

现场接到上级部门指令，起钻简化钻具后下钻至套管鞋 7672m，在循环时全烃不超过30%、停泵静观后效可控的前提下，按每个循环周0.03g/cm³逐渐下调钻井液密度。

2月3日至7日循环降密度由1.45g/cm³下降至1.37g/cm³，经过短起下钻测油气上窜速度，满足安全起下钻作业后，起钻完，简化钻具组合下钻至套管鞋7672m。

2月7日至9日现场按降密度施工方案，逐渐下调钻井液密度，由1.37g/cm³缓慢下降至1.21g/cm³；9日22：52静止观察时发现出口线流，关井，立压为0，套压由0上升至11.0MPa，溢流量3m³。

（三）处置过程

1. 关井观察

9日22：52至10日06：25关井观察，立压为0，套压由11.0MPa上升至12.1MPa。

2. 边循环边加重法压井未成功

06：25至7：15经液气分离器控压加重循环，排量10.2L/s，立压11.0~11.7MPa，套压10.5~11.2MPa，入口密度1.28~1.37g/cm³，出口密度1.22~1.25g/cm³。06：49发现井漏，累计漏失量1.2m³。

7：15至16：58关井观察，期间正注钻井液0.5m³，立压由0上升至3.8MPa，再下降至0，套压由11.2MPa上升至14.8MPa，再下降至14.1MPa。

现场判断井底栖霞段漏失，尝试反推法压井。

3. 反推法压井未成功

16：58至17：20尝试反挤1.21g/cm³油基钻井液2.7m³，排量10L/s，套压由14.1MPa上升至33.3MPa，反挤失败，泄压，套压由33.3MPa下降至13.5MPa。

17：20至17：42尝试正挤1.21g/cm³油基钻井液1.5m³，排量7L/s，泵压由0上升至2.3MPa，套压由13.5MPa上升至16.9MPa；泄压，立压由2.3MPa下降至0，套压由16.9MPa下降至14.2MPa。

17：42至19：02继续泄压观察，立压为0，套压由13.5MPa下降至12.2MPa。现场判断地层出现自愈合，且有一定的承压能力，尝试正循环压井。

4. 工程师法压井

19：02至21：36注1.40g/cm³压井液119m³正循环压井，排量7~15L/s，立压18.7~23.0MPa，套压由12.2MPa上升至13.5MPa，再下降至0，焰高10~12m至熄灭，压井成功。

（四）原因分析

（1）主动降低钻井液密度，静液柱压力降低，引发溢流。

（2）液面坐岗人员溢流发现能力不足。关井后溢流量 3m³，超过了井控细则 2m³ 内发现并关井的规定，发现溢流的时间太晚，关井套压高达 11MPa。

（五）经验教训

（1）在使用 1.45g/cm³ 钻井液钻进有后效显示的情况下，盲目人为降低钻井液密度至 1.21g/cm³ 引发溢流。

（2）加强坐岗人员的专项培训，要求能正确分析、判断液面变化原因，异常情况及时上报司钻，不达要求不能上岗。

（3）关井后应求取立压，为正确处置溢流提供依据，避免溢漏转换，增加处置难度。

第五节　井漏诱发溢流典型案例

案例 22　Z203H8-3 井宝塔组溢流事件

（一）基本情况

Z203H8-3 井是部署在渝西区块西山构造蒲吕场向斜的一口开发水平井，该井宝塔组预测地层压力系数 1.96，设计钻井液密度 2.03~2.20g/cm³。上层 ϕ250.8mm+ϕ244.5mm 套管下至 3669.52m，井口安装 35-70 防喷器组。

（二）事件经过

2022 年 8 月 11 日 03：05 用 ϕ215.9mm 钻头、密度 1.85g/cm³ 钻井液控压 1.5MPa 钻进至 4587.07m（宝塔组，顶界 4520m）发生井漏，漏失钻井液 3.71m³，小排量循环观察未漏。03：35 钻井队坐岗工发现溢流 0.4m³，汇报司钻，司钻向钻井技术员汇报，钻井技术员指挥司钻继续循环观察。至 03：44 钻井技术员在录井房观察池体积曲线，发现液面继续上涨至 4m³，向项目部副经理汇报，项目部副经理要求"继续循环，密切关注溢漏量"。至 04：02 液面上涨 15m³，液面累计上涨 19m³，钻井技术员发出关井指令，04：05 关井（立压 1.8MPa，套压 0.35MPa），04：06 套压由 0.35MPa 上升至 17.54MPa，累计溢流 22.6m³（图 1-9）。

（三）处置过程

1. 压井准备

04：06 至 06：08 配制密度 2.06g/cm³ 压井液。

2. 环空反灌重浆降套压

06：08 至 08：11 开泵以 3.7L/s 排量向环空内注入密度 2.06g/cm³ 重浆 20m³ 进行置换，套压由 18.03MPa 下降至 12.57MPa。

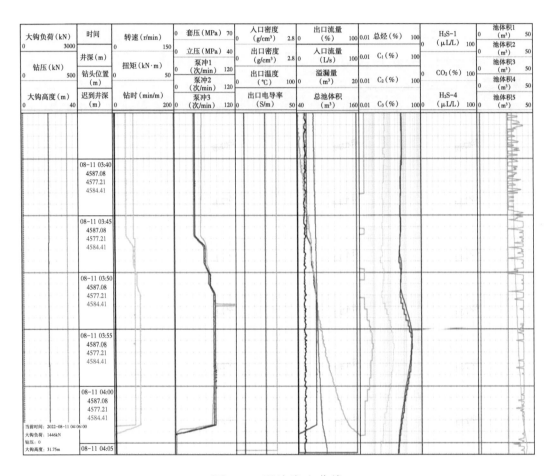

图 1-9　溢流发生曲线

3. 工程师法压井

08：11 至 13：30 使用密度 1.92~1.98g/cm³ 重浆采用工程师法压井，排量 8.3~13.8L/s，泵压由 12MPa 上升至 14.8MPa，套压由 13MPa 下降至 0，压井成功，损失时间 9.92h。

（四）原因分析

（1）宝塔组裂缝发育，井漏后气液置换，井筒液柱压力不能平衡地层压力，诱发溢流。

（2）发现溢流后未及时关井，继续循环观察长达 30min，溢流量达 22.6m³ 方关井，这是造成高套压的直接原因。

（五）经验教训

（1）应严格执行工程设计，设计密度2.03~2.20g/cm³，实际使用密度1.85g/cm³。

（2）严格执行"发现溢流立即正确关井，疑似溢流立即关井检查"的井控规定，杜绝高套压事件再次发生。

（3）应树立防漏就是防喷的理念，正确判断"呼吸效应"和漏溢转换，及时发现溢流，正确关井。

（4）求取关井立压前应释放圈闭压力，优选顶开法求取正确关井立压。本井求得关井立压10.2MPa，折算井底地层压力系数2.11，严重失真。

（5）井口套压较高时应先采用反推法或置换法压重浆帽降低井口压力，为后期处理奠定基础。

例23 L203H59-3井茅口组溢流事件

（一）基本情况

L203H59-3井是部署在四川盆地泸州区块阳高寺构造群福集向斜的一口开发水平井，该井茅口组预测地层压力系数1.55，设计钻井液密度1.62~1.75g/cm³。上层ϕ339.7mm套管下至1125.04m，井口安装35-70防喷器组。

（二）事件经过

4月14日22：38用ϕ311.2mm钻头、密度2.07g/cm³钻井液三开采用螺杆钻具复合钻进至井深2760.01m（茅口组）井漏，至22：47继续钻进至井深2761.03m井漏失返，漏失钻井液3m³，停泵起钻；至23：04吊灌钻井液3m³井口见返。至23：25短起至井深2675m，液面累计上涨8.03m³，关井，套压由0上升至1.5MPa（图1-10）。

（三）处理过程

1. 第一次正挤堵漏

至15日03：00关井正挤密度2.07g/cm³、浓度30%堵漏浆16.1m³和钻井液29.0m³。

03：00至04：00候堵，套压由11.1MPa上升至13.8MPa，立压为0。

04：00至05：40节流循环，泵入2.07g/cm³钻井液19m³，返出9.5m³，泵压0.2~0.6MPa，套压由19.1MPa上升至20.12MPa，点火火焰高度1~15m（图1-11）。

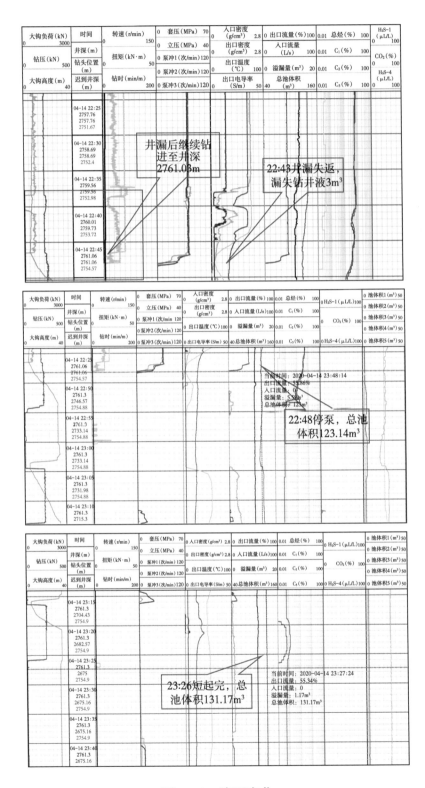

图 1-10　液面变化

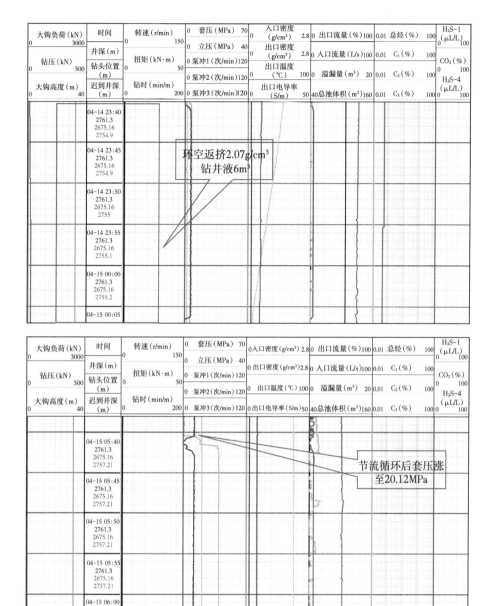

图 1-11　处理过程

2. 第一次反推压井

05：40 至 08：00 关节流阀，环空反推密度 2.30g/cm³ 压井液 55m³，套压由 20.12MPa 下降至 13.45MPa。

08：00 至 08：55 关闭节流阀，正挤密度 2.07g/cm³、浓度 30% 堵漏浆

16.8m³，排量 12.8L/s，立压 0.2~1.4MPa，套压由 13.45MPa 上升至 15.06MPa；正挤 2.07g/cm³ 钻井液 29m³，排量 12.8L/s，立压 0.3~0.8MPa，套压由 15.06MPa 上升至 15.84MPa。

08：55 至 10：20 关井候堵，套压由 15.84MPa 上升至 18.3MPa。

3. 第二次反推堵漏压井

10：20 至 19：30 反推密度 2.05~2.07g/cm³ 压井液 73.73m³，套压由 18.3MPa 下降至 12.7MPa。

19：30 至 20：30 关井观察，套压由 12.7MPa 上升至 14.23MPa。

20：30 至 23：43 用排量 19L/s 反挤密度 2.07g/cm³、浓度 30% 堵漏浆 34.5m³，反挤密度 2.07g/cm³ 钻井液 165m³，套压由 14.23MPa 下降至 0.9MPa。

23：43 至 16 日 08：00 关井候堵，套压由 0.9MPa 下降至 0，08：30 开井，液面未在井口。

08：00 至 17：20 关井，间断性吊灌。

4. 第二次正注堵漏

17：20 至 19：00 用排量 9.6L/s 正注密度 2.07g/cm³、浓度 30% 堵漏浆 18m³，泵压 3.11~4.37MPa，套压为 0，采用排量 12.8L/s 正注密度 2.07g/cm³ 堵漏浆 30m³，返出 25m³，泵压 7.2~7.8MPa，套压为 0，关井候堵，立压、套压均为 0；开井循环无漏失，恢复钻进，损失时间 44.18h。

（四）原因分析

（1）井漏导致液柱压力降低，井筒液柱压力不能平衡地层压力，井漏导致气液置换，诱发溢流。

（2）发生溢流后未及时发现，继续起钻 21min，溢流量达 8.03m³ 才发现。

（五）经验教训

（1）应严格执行工程设计，该井茅口组预测地层压力系数 1.55，设计钻井液密度 1.62~1.75g/cm³，实际密度 2.07g/cm³ 钻进，过高的钻井液密度导致井漏。

（2）应树立防漏就是防喷的理念，严格执行井漏吊灌相关要求，认真落实坐岗制度，及时发现漏溢转换，正确关井。

（3）油气层易漏层作业前，应按照《页岩气井控管理办法》要求简化钻具组合，为井漏、溢流等复杂处置提供有利条件。

（4）从该井后期分析判断，综合录井全烃显示，表明油气侵已上窜至一定高度，建议优先选择压回法压井，缩短压井处置时间。

案例 24　ST18 井吴家坪组溢流事件

（一）基本情况

ST18 井是部署在四川盆地双鱼石—河湾场构造带卢家漕潜伏构造的一口预探定向井，该井吴家坪组预测地层压力系数 1.80，设计钻井液密度 1.87~1.95g/cm^3，上层 ϕ273.05mm 套管下至 3595.49m，井口安装 28-70 防喷器组。

（二）事件经过

7 月 3 日 19：48 采用 ϕ241.30mm 钻头、密度 2.09g/cm^3 钻井液钻进至井深 7005.01m（吴家坪组）发生井漏，小排量循环观察期间失返，吊灌起钻至 6219.83m 后进行堵漏作业，7 月 4 日 20：04 在循环排后效期间发现液面上涨 0.4m^3，停泵，关井，立压为 0，套压 3.9MPa，至 5 日 01：58 观察期间套压上涨至 11.6MPa。

（三）处置过程

1. 第一次反挤堵漏

5 日 02：07 至 05：25 反挤密度 2.05g/cm^3、浓度 28% 堵漏浆 26m^3，反挤 2.07~2.10g/cm^3 钻井液 211.5m^3，套压降至 6.2MPa，停泵观察 15min，套压由 6.2MPa 下降至 0。

05：25 至 6 日 07：35 敞井候堵，每 10min 吊灌密度 2.09g/cm^3 钾聚磺钻井液 1.0m^3，共吊灌 134.8m^3，21：00 至 21：30 起钻至井深 6140.94m。

2. 正挤堵漏

07：35 至 09：40 正挤密度 2.05g/cm^3、浓度 28% 常规堵漏浆 20m^3 和浓度 45% 高失水堵漏浆 28.4m^3，正挤密度 2.04g/cm^3 钻井液 62.3m^3，泵压 4.8~25.5MPa，套压由 0 上升至 9.6MPa。

09：40 至 7 日 16：10 憋压 8.1MPa 候堵，候堵期间套压由 8.1MPa 上升至 15.4MPa。

16：10 至 18：50 反挤密度 1.98~2.02g/cm^3 钻井液 220.0m^3，立压为 0，套压 10.9~18.4MPa，正挤密度 1.98~2.02g/cm^3 钻井液 5.0m^3，排量 9.3L/s，套压由 9.5MPa 上升至 10.9MPa，再下降至 9MPa。

18：50 至 19：37 关井候堵，套压由 9.0MPa 上升至 9.3MPa。

19：37 至 19：47 正挤密度 1.98~2.02g/cm^3 钾聚磺钻井液 7.6m^3，排量

9.3~18.6L/s，套压由 9.3MPa 上升至 11.9MPa，立压为 0。

19：47 至 8 日 09：38 关井候堵，套压由 11.9MPa 上升至 17.0MPa。

09：38 至 10：33 反挤密度 2.35g/cm³ 钻井液 100.0m³，立压为 0，套压由 17.0MPa 下降至 0；正挤密度 2.35g/cm³ 钻井液 10.0m³，排量 17.3L/s，立压由 0 上升至 9.2MPa，再下降至 0，套压由 0 上升至 0.3MPa，再下降至 0，关井观察，立压、套压均为 0。

10：33 至 18：00 每柱吊灌 0.3m³ 起钻至 3580.24m；于 14：00 和 15：10 分两次正挤密度 2.35g/cm³ 钻井液 23.0m³，套压均为 0。

18：00 至 9 日 11：30 敞井观察，出口无异常，环空液面高度由 270m 上升至 0。

11：30 至 16：15 关井观察，配制堵漏浆，立压为 0，套压由 0 上升至 10.6MPa。

3. 第二次反挤堵漏

16：15 至 19：35 反挤密度 2.12g/cm³、浓度 29% 和 38% 堵漏浆 45m³，密度 1.70g/cm³ 高失水钻井液 46m³，密度 2.12g/cm³ 钻井液 33.4m³，套压由 13.8MPa 上升至 19.6MPa，再下降至 3.8MPa；至 10 日 09：20 关井候堵，立压为 0，套压由 5.4MPa 上升至 17.3MPa，第二次反挤堵漏失败。

4. 经节流阀泄压

09：20 至 11：34 三次经节流阀泄压回流密度 2.12g/cm³ 钻井液 12.8m³；正挤密度 2.30g/cm³ 钻井液 3.2m³，套压由 17.3MPa 上升至 18.2MPa，最高上涨至 21.5MPa。

11：34 至 17：55 经液气分离器循环排气，密度 2.11~2.13g/cm³，液面累计上涨 3.5m³（其中 11：34 至 12：35 液面累计上涨 28.5m³，至 13：00 液面累计下降 25.0m³），立压 6.1~12.1MPa，套压由 18.2MPa 下降至 17.6MPa，再上升至 24.9MPa，再下降至 11.0MPa，排量 15.4~18.5L/s，关井观察，立压由 3.9MPa 下降至 3.3MPa，套压由 11.0MPa 上升至 14.5MPa。

17：55 至 18：54 经节流阀泄压回流密度 2.12g/cm³ 钻井液 4.0m³ 后关井观察，立压下降至 2.33MPa，套压上涨至 14.93MPa。

5. 控压循环加重

18：54 至 22：00 控压循环排气，维持入口钻井液密度 2.35g/cm³，排量 18.5~24.7L/s，套压降至 2MPa。

22：00 至 11 日 08：00 经精细控压循环加重，维持入口钻井液密度 2.40g/cm³，排量 18.5~24.7L/s，控压 2~5MPa。

6. 两次控压循环起下钻排污

08∶00 至 15∶28 控套压 1.2~5MPa 下钻至井深 4022.65m，采用密度 2.35~2.40g/cm³ 钻井液节流循环排污，套压由 13.2MPa 下降至 0 至井口失返，采用密度 2.35g/cm³ 钻井液吊灌起钻至井深 3266.81m 见返。

15∶28 至 12 日 08∶55 采用密度 2.12g/cm³ 钻井液节流循环排污，排量 12.3~37L/s，立压 5.5~22.6MPa，套压 0~8.8MPa。

08∶55 至 13 日 23∶45 控压 2~5MPa 下钻至 5400m，起钻至 3307m，中途分段用密度 2.12g/cm³ 钻井液节流循环排井筒污染钻井液。

23∶45 至 14 日 12∶42 节流循环排污做注水泥准备，入口密度 2.12g/cm³，泵压 0.5~11.7MPa，套压 0.5~11.5MPa，排量 19.6~30.2L/s。

7. 第一次注水泥浆封堵失败

12∶42 至 14∶21 注入 2.12g/cm³ 水泥浆 20m³，正挤、反挤密度 2.00g/cm³ 钻井液 32.4m³，至 15 日 10∶05 关井憋压候凝，立压为 0，套压由 10.1MPa 上升至 13.6MPa，开井泄压断流。至 18 日 04∶10 采用密度 2.12g/cm³ 钻井液循环排后效后钻塞至 4027m，排量 32L/s，在 4027~4181.49m 间断划眼发现井漏，出口失返；至 07∶50 起钻至 3584.48m 后关井观察，立压为 0，套压由 0 上升至 7.6MPa 再下降至 0.2MPa。

8. 第二次注水泥浆封堵

07∶50 至 20 日 14∶00 分段控压 2~4.9MPa 下钻，控压循环排除受污染钻井液；至 18∶10 注 2.13g/cm³ 水泥浆 50.6m³，正替密度 2.12g/cm³ 钻井液 33.3m³，反挤密度 2.12g/cm³ 钻井液 11.3m³；至 21 日 15∶20 关井候凝，套压由 11.4MPa 上升至 12.3MPa，开井泄压套压由 12.2MPa 下降至 0，复杂解除，损失时间 403.27h。

（四）原因分析

（1）未执行钻井液密度设计引发井下漏失。该井吴家坪组预测地层压力系数 1.80，设计钻井液密度 1.87~1.95g/cm³，实际钻井液密度 2.09g/cm³。

（2）井漏诱发溢流。钻遇吴家坪组漏失层发生失返性漏失，导致液柱压力下降，井底压力低于地层压力，气体侵入井筒引发溢流。

（3）处置不当导致高套压。溢流处置期间，井筒内钻井液密度 1.98~2.40g/cm³，严重不均质，造成某些时段溢流加剧，最高套压达 21.5MPa。

（五）经验教训

（1）应严格执行钻井工程设计，树立"防漏就是防喷"的理念。

（2）在钻遇漏失层后，应结合地质工程资料，准确判断漏层位置，实施针对性较强的堵漏方案，避免盲目堵漏。

（3）在漏溢共存的情况下，井筒内外环空应保持密度一致的钻井液，避免漏溢加剧、圈闭压力识别不清。

（4）应正确识别圈闭压力，泄压时严格控制钻井液回流量，避免回流量过大进一步加剧溢流。

（5）采用水泥浆堵漏，宜起钻下入光钻杆进行堵漏作业，避免"插旗杆"事故发生。

案例 25　Z207H1-1 井茅口组溢流事件

（一）基本情况

Z207H1-1 井是部署在渝西区块蒲吕场向斜的一口开发水平井，该井茅口组预测地层压力系数 1.70，设计钻井液密度 1.77~1.85g/cm³。上层 ϕ339.7mm 套管下至 1618.91m，井口安装 35-70 防喷器组。

（二）事件经过

2022 年 3 月 4 日采用 ϕ311.2mm 钻头、密度 1.84g/cm³ 钻井液钻进至 3619m（茅口组），发生井漏失返，立即关井观察，监测环空液面在 210m；至 3 月 5 日进行 2 次泵入密度 1.84g/cm³、浓度 30%~35% 堵漏浆堵漏，出口未返（液面稳定在 160~180m），吊灌起钻更换光钻杆堵漏；至 6 日 17∶04 下光钻杆至 3589.98m（距离井底 29.02m），至 19∶16 注入密度 1.85g/cm³ 前置液 14m³、1.90g/cm³ 水泥浆 25m³、1.85g/cm³ 后置液 2m³，替入 1.84g/cm³ 钻井液 35m³、2.0g/cm³ 钻井液 5.7m³（19∶02 替浆 8.1m³ 时井口见返，累计注入 49.1m³），至 19∶25 上提一个单根至 3580.93m，环空不断涌出钻井液（钻井液池液面上涨 1.5m³），至 19∶27 关井，立压为 0，套压 10.48MPa，至 19∶42 关井观察，套压由 10.48MPa 上升至 16.83MPa（图 1-2）。

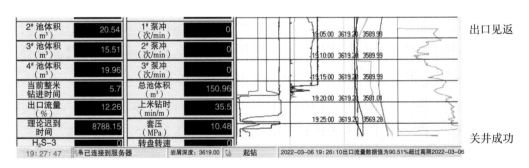

图 1-12　溢流发现实时曲线

（三）处置过程

1. 第一次压井：环空反推压井

19：42 至 21：23 环空反推 1.84g/cm³ 钻井液 15m³+2.35g/cm³ 钻井液 54m³，套压降至 0，测得环空液面深度 110m；23：00 至 23：30 开井上提钻具由原悬重 1300kN 上升至 2600kN 卡钻。

2. 第二次压井：环空反推压井

23：30 至 7 日 06：07 关井观察，套压由 0 上升至 8.38MPa，采用排量 24~30.7L/s 环空反推 1.84g/cm³ 钻井液 230m³，套压降至 3.25MPa；至 06：50 采用排量 6L/s 正挤密度 2.0g/cm³ 钻井液 1.1m³，泵压由 10MPa 上升至 20MPa，套压 3.25MPa 无变化，判断环空堵塞。

3. 第三次压井：正挤压井

06：50 至 19：51 关井观察，立压由 0 上升至 22.63MPa，采用水泥车正注密度 2.35g/cm³ 钻井液 49.78m³，泵压由 25.23MPa 下降至 0，套压由 2MPa 上升至 4.6MPa。

4. 第四次压井：节流循环见硫化氢，环空反挤压井

19：51 至 9 日 02：48 节流循环，泵压由 0 上升至 2.7MPa，再下降至 0，套压由 4.6MPa 上升至 5.5MPa，焰高 12m，出口槽监测到硫化氢，反推密度 1.84g/cm³ 钻井液 8m³、密度 2.30g/cm³ 钻井液 235.5m³，套压降至 1.6MPa。

5. 第五次压井：节流循环，环空反挤压井

02：48 至 10 日 17：35 钻井液加足除硫剂后再次节流循环，排量 18L/s，套压由 1.6MPa 上升至 14.8MPa，火焰高 10~15m；至 21：05 由于套压持续升高，环空反推密度 2.25g/cm³ 钻井液 248m³，排量 28L/s，套压由 14.8MPa 下降至 4.25MPa，采用排量 24L/s 正注密度 1.98g/cm³、浓度 30% 堵漏浆 25m³，憋压候堵。

6. 第六次压井：环空反推后打水泥

21：05 至 12 日 14：18 环空反推 2.10g/cm³ 钻井液 261.5m³，排量 48L/s，套压由 1.8MPa 上升至 4.7MPa，立压由 4MPa 上升至 10MPa；至 17：09 正注密度 1.89g/cm³ 水泥浆 85m³ 封固井底 1000m 钻杆水眼及环空，施工结束套压 4.8MPa；至 13 日 10：18 憋压候凝，套压升至 4.8MPa，再升至 6.84MPa。填井侧钻，累计损失时间 169.58h。

（四）原因分析

（1）井漏诱发溢流。钻遇茅口组漏失层发生失返性漏失，导致液柱压力下

降，井底压力低于地层压力，气体侵入井筒引发溢流。

（2）溢流未及时发现导致套压偏高。3月6日19：02注替水泥施工期间录井曲线显示出口已有钻井液返出，现场判断水泥进地层封堵起效果，实际水泥还未出钻具，对疑似溢流未引起重视，直至19：25起钻至3580.34m出口涌出方发现溢流。

（五）经验教训

（1）树立"防漏就是防喷"的理念，及时准确掌握钻井液总量和变化，加强漏溢转换识别，及时发现溢流。

（2）注水泥浆堵漏期间，应控制好立套压，确保井底压力平衡地层压力，避免溢流加剧、水泥浆窜槽，影响水泥浆堵漏效果。

（3）对于注水泥浆堵漏，应严格执行堵漏施工设计，精细化操作。尤其在注水泥后钻具应提离水泥面以上一定高度，防止"插旗杆"事故发生。

（4）本井在处置漏溢期间井口气体含硫化氢，采取了压回法，将有毒有害气体推回地层。并加入了足量除硫剂，避免了硫化氢溢出产生次生危害。

案例 26　WT1 井茅口组溢流事件

（一）基本情况

WT1 井是部署在四川盆地达州—开江古隆起檀木场潜伏构造的一口风险探井，该井茅口组预测地层压力系数 1.6，设计钻井液密度 1.67~1.75g/cm³。上层 ϕ374.65mm+ϕ365.13mm 套管下至 3547.71m，井口安装 35-70 防喷器组。

（二）事件经过

2017 年 2 月 19 日四开用 ϕ333.38mm 钻头、密度 1.78g/cm³ 钻井液钻进至 4829.17m（茅二段）发生井漏，原钻具多次堵漏未成功（ϕ333.38mm PDC 钻头 + 螺杆 + 回压阀 +9in 钻铤 1 根 +330 扶正器 +9in 钻铤 5 根 +8in 钻铤 5 根 +8in 随震 1 根 +7in 钻铤 6 根 +5$\frac{1}{2}$in 钻杆），23 日 20：00 接牙轮钻头下钻至井深 4602.79m，间断灌入 1.77g/cm³ 钻井液 24.4m³，出口未见返；至 23：10 间断吊灌钻井液 5.2m³ 液面上升到井口后关井，立压、套压均为 0；至 23：46 关井观察，立压为 0，套压由 0 上升至 1.4MPa。

（三）处置过程

1. 多次正、反挤压井

23：46 至 24 日 09：38 6 次采用 15.6L/s 排量正、反挤 1.70g/cm³ 压井液累

计 110.7m³（套压由 1.4MPa 上升至 9.1MPa，再下降至 4.72MPa）。

09：38 至 12：49 两次开节流阀泄压（套压由 4.72MPa 上升至 5.78MPa，再下降至 0.4MPa），反推 1.70g/cm³ 钻井液 25m³（套压由 0.4MPa 上升至 7.57MPa）。

12：49 至 14：30 关井观察，套压由 7.57MPa 下降至 5.78MPa。

14：30 至 14：53 开节流阀正注浓度 30%、密度 1.70g/cm³ 桥浆 24m³（套压由 5.78MPa 上升至 12.6MPa）。

2. 套压被推高诱发井控险情

14：53 至 19：43 关井候堵，期间间断 7 次正、反挤密度 1.70g/cm³ 压井液 125m³，套压由 12.6MPa 上升至 21.02MPa。

19：43 至 25 日 18：30 关井间断 7 次正、反挤密度 1.82g/cm³ 钻井液 102m³（其中间断泄压 7 次），套压由 21.02MPa 下降至 14.55MPa。

18：30 至 20：10 开节流阀，经 4# 放喷管线泄压，出纯气，焰高 5~12m，套压由 14.55MPa 下降至 8.55MPa（图 1-13 和图 1-14）。

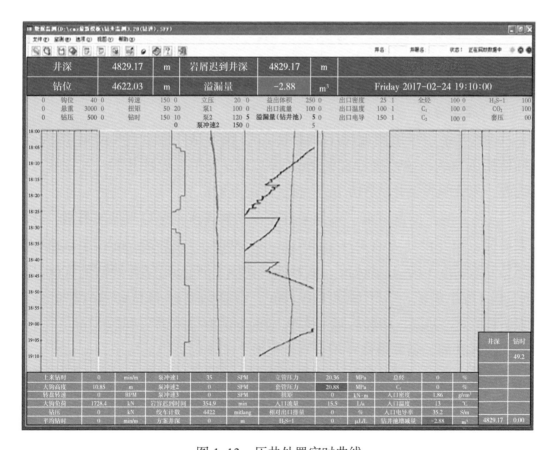

图 1-13　压井处置实时曲线

图 1-14　点火情况

3. 反挤压井

20∶10 至 23∶13 关井反挤 1.78~1.82g/cm³ 压井液 342m³，排量 37L/s，套压由 8.9MPa 上升至 19.57MPa，再下降至 0.16MPa；

至 23∶55 泄压开井，后续转为堵漏作业，损失时间 48.75h。

（四）原因分析

（1）该井茅口组预测地层压力系数 1.6，设计钻井液密度 1.67~1.75g/cm³，实际使用 1.78g/cm³ 钻进至 4829.17m（茅二段）发生失返性井漏，前期 6 次堵漏无效，累计漏失钻井液 110.7m³，损失时间 9.87h。

（2）钻井液密度窗口窄，飞仙关组存在异常高压，茅口组低压易漏，井漏诱发溢流。该井设计飞仙关—龙潭组钻井液密度 1.57~1.65g/cm³；茅口组—梁山组钻井液密度 1.67~1.75g/cm³；实际四开使用 1.65g/cm³ 钻井液钻至 4066.72m（飞三段）发生溢流，提密度至 1.81g/cm³，继续钻进至 4423.99~4612.70m（飞三段—长兴组）井漏，堵漏后降密度至 1.78g/cm³ 继续钻进至 4829.17m（茅二段）发生失返性井漏，钻井液液柱压力不能平衡上部飞仙关组地层压力。

（3）起钻简化钻具组合，静止时间达 24h，气体持续侵入井筒，并滑脱上升，进一步加剧溢流。

（五）经验教训

（1）加强工程地质一体化研究，准确预测地层压力。对于上喷下漏的窄密度窗口井段钻井作业，宜提前加入适当随钻堵漏剂，防止恶性井下漏失。

（2）压井施工前应准备足量压井液，同时反推量应达到一倍环空容积以上。该井处置前期累计间断正挤、反推压井达 22 次（累计钻井液量 386.7m³），均未将污染钻井液全部推入地层，气液持续置换、滑脱导致高套压事件。

（3）在套压未接近或达到最大允许关井套压前，不应盲目泄压。如确需泄压，应及时补充足量钻井液，避免液柱压力降低引发持续溢流。

（4）在进入飞仙关组、茅口组等溢漏同存风险井段前，宜提前简化钻具组合，为复杂处理提供有利条件。

案例 27 MX109 井灯影组溢流事件

（一）基本情况

MX109 井是部署在四川盆地乐山—龙女寺古隆起磨溪潜伏构造陡坎带 MX21 井区西部的一口评价井，该井灯四段预测地层压力系数 1.1，设计钻井液密度 1.17~1.25g/cm³。ϕ247.65mm+ϕ244.5mm 套管下至 3179.65m，ϕ177.80mm 技术尾管下至 2747.51~5105.96m，井口安装 35-70 防喷器组。

（二）事件经过

2016 年 1 月 8 日 19：11 使用 ϕ149.2mm 钻头、1.25g/cm³ 钻井液钻进至 5155.67m（灯影组），发生井漏失返，漏失钻井液 5.0m³；19：30 起钻至 5047.14m，连续吊灌 14.9m³，出口见返；20：20 继续吊灌 1.5m³，出口流量增加。关井，立压为 0，套压由 0 上升至 3.1MPa，液面上涨 0.2m³。

（三）处置过程

1. 第一次反挤压井

21：47 至 22：17 反挤密度 1.24g/cm³ 钻井液 15m³，套压由 3.1MPa 上升至 3.6MPa，再下降至 0，开井，出口无异常。

2. 第二次溢流关井

22：17 至 23：08 起钻至 4901.70m，期间吊灌钻井液 2.7m³，应灌 0.8m³，漏失钻井液 1.9m³，吊灌停止时出口"回吐"，关井，套压由 0 上升至 5.3MPa，液面上涨 1.5m³。

3. 多次反挤压井

23：08 至 9 日 08：33 反挤 1.24g/cm³ 钻井液 13.8m³，套压由 5.3MPa 上升至 5.9MPa，再下降至 0，关井观察，套压由 0 上升至 7.4MPa；至 08：53 反挤

1.25g/cm³ 钻井液 18.3m³，套压由 7.4MPa 下降至 0，关井观察，立压为 0，套压 6.7MPa。

4. 正注反挤堵漏压井

08：53 至 09：45 反挤密度 1.25g/cm³、浓度 30% 桥浆 21.5m³，排量 7.5~10.9L/s，套压由 6.7MPa 下降至 0；至 11：33 继续反挤 1.25g/cm³ 钻井液 102m³，排量 14.15~19.25L/s，套压为 0，正挤密度 1.25g/cm³ 钻井液 1.3m³，套压为 0，压井成功，损失时间 15.22h。

（四）原因分析

（1）高磨区块灯影组溶洞裂缝发育，钻井过程中普遍井漏，钻井液密度窗口窄，钻遇该地地层发生井漏失返，环空液柱压力降低，不能平衡地层压力引发溢流。

（2）第一次溢流压井仅反推 15m³ 压井液，环空尚存在大量气体，气体滑脱上升导致井下持续溢流。

（3）钻井液密度窗口窄，溢漏同存，停泵后地层回吐。

（五）经验教训

（1）在灯影组等溢漏同存地层钻进，应加强漏溢转换风险识别及预防，宜安装旋转防喷器，实施控压钻井。

（2）反推压井时反推量应达一倍环空容积以上，确保污染钻井液全部推入地层，避免二次溢流。该井前期三次反挤钻井液（累计钻井液量 47.1m³），均未将污染钻井液全部推入地层，气液持续滑脱导致多次套压上涨。

（3）谨慎界定"呼吸效应"，在不确定的情况下，地层回吐应按溢流处理。

案例 28　LG70 井茅口组溢流事件

（一）基本情况

LG70 井是川北低平构造带剑阁区块长兴组—飞仙关组礁滩地震异常区的一口预探井，该井茅口组预测地层压力系数 1.8，设计钻井液密度 1.80~1.95g/cm³。上层 ϕ193.68mm 套管下至 3680.72m、ϕ168.28mm 技术尾管下至 3680.72~6934m，井口安装 28-105 防喷器组。

（二）事件经过

2016 年 9 月 30 日使用 ϕ139.7mm 钻头、1.89g/cm³ 钻井液钻至 7200m（茅口组）发生气侵，上提钻井液密度至 1.98g/cm³。10 月 3 日钻进至 7213.59m 井

下微漏，多次随钻堵漏。至 11 日两次发生溢流，上提钻井液密度至 2.05g/cm³。至 12 日带漏钻进至 7255m，期间多次发生气侵，节流循环排气后恢复正常。

12 日 19：30 起钻至 7230m，出口未断流，循环钻井液，漏失 0.6m³。22：35 停泵后钻井液涌出喇叭口，关井，立压为 0，套压 3.6MPa。

（三）处置过程

1. 控压循环排气

12 日 22：37 至 13 日 05：50 节流循环排气，排量 4.7~5.8L/s，泵压 8.0~15.5MPa，套压由 3.6MPa 上升至 4.6MPa，再下降至 0，入口密度 2.05g/cm³，出口密度 1.86~2.05g/cm³。

2. 循环加重提密度

05：50 至 15 日 17：50 分段循环提密度，由 2.05g/cm³ 逐步提至 2.09g/cm³、2.12g/cm³、2.16g/cm³，期间持续井漏，期间采用 2.09g/m³ 浓度 5% 桥浆 10.0m³、2.12g/m³ 浓度 8% 桥浆 18.0m³ 堵漏成功，但停泵不断流，继续提密度至 2.16g/cm³ 再次发生井漏。

3. 节流循环降密度

17：50 至 16 日 16：20 采用密度 2.17g/cm³ 钻井液，排量 3.8~6.2L/s，循环持续漏失，停泵不断流；至 18 日 08：00 循环降密度，排量 6.3~7.5L/s，入口密度由 2.16g/cm³ 下降至 2.08g/cm³；至 19 日 12：35 采用密度 2.08g/cm³ 钻井液循环无漏失，排量 6.3~6.5L/s，泵压 11.0~13.0MPa，套压为 0。停泵静止观察，出口未断流。

4. 控压钻井

后期安装旋转防喷器，实施精细控压钻进。累计损失时间 21.58h。

（四）原因分析

（1）地层存在异常高压。该井茅口组预测地层压力系数 1.8，设计钻井液密度 1.80~1.95g/cm³，后期使用密度 2.16g/cm³ 钻井液压井，停泵井口不断流。

（2）茅口组溢漏同存。茅口组为目的油气层，前期使用 1.98g/cm³ 钻进发生井漏，引发漏溢转换。

（五）经验教训

（1）该地区局部存在异常高压，应加强地层压力研究，准确预测地层压力。

（2）揭开茅口组等油气层后，不宜边漏边钻。该井前期钻至 7200m（茅口组）发生漏失，带漏钻至 7255m，期间多次钻遇气测显示异常、气侵、溢流，后效显示活跃。

（3）对于小井眼钻井，由于所需钻井液密度窗口更宽，强烈推荐优先采用精细控压钻井技术。

第六节　高套压事件典型案例

案例 29　LS1 井茅口组溢流事件

（一）基本情况

LS1 井是部署在川西南部地区东瓜场构造—岩性复合圈闭高部位的一口预探直井，该井茅口组预测地层压力系数为 1.20，设计钻井液密度 1.27~1.35g/cm³。上层 ϕ177.8mm+ϕ184.15mm 套管下至 5008.4m，井口安装 35-70 防喷器组。

（二）事件经过

2020 年 1 月 9 日 18∶00 采用 ϕ149.2mm 钻头、密度 1.80g/cm³ 钻井液五开钻进，18∶30 钻至 5020m（层位：茅四段），出口流量增加，液面上涨 0.6m³，至 18∶33 关井，立压 12MPa，套压 22.6MPa，液面累计上涨 2.2m³。

（三）处置过程

1. 压井准备

18∶34 采用憋压法求得关井立压 12MPa，折算地层压力系数为 2.05；至 10 日 01∶00 地面配制密度 2.20g/cm³ 压井液 180m³。

2. 工程师法压井

01∶00 至 04∶20 使用 2.20g/cm³ 压井液 118.0m³ 压井，排量 9.5~10.2L/s，泵压由 8.3MPa 上升至 23.7MPa，再下降至 17.4MPa，套压由 24.7MPa 上升至 25.9MPa，再下降至 0，出口密度由 1.64g/cm³ 上升至 2.20g/cm³，压井成功，损失时间 8.33h。

（四）原因分析

实际地层压力高于预测地层压力，实钻钻井液密度不能平衡地层压力。该井茅四段预测地层压力系数 1.20，设计钻井液密度 1.27~1.35g/cm³，实际钻井液密度 1.80g/cm³，溢流后关井立压 12MPa，折算地层压力系数 2.05，最终使用密度 2.20g/cm³ 压井液压稳地层。由于实钻钻井液密度过低，导致溢流高套压事件。

（五）经验教训

（1）该地区局部存在异常高压，应加强地层压力研究，准确预测地层压力。由于该井实际钻井液密度与实际地层压力当量密度差值达 0.25g/cm³，关井立压达 12MPa。

（2）该井虽然关井时由于液柱欠压值较大，违反钻井液增量超过 2m³ 的规定，但从实际情况来看，现场溢流发现和关井比较及时，压井处置得当（图 1-15 和图 1-16）。

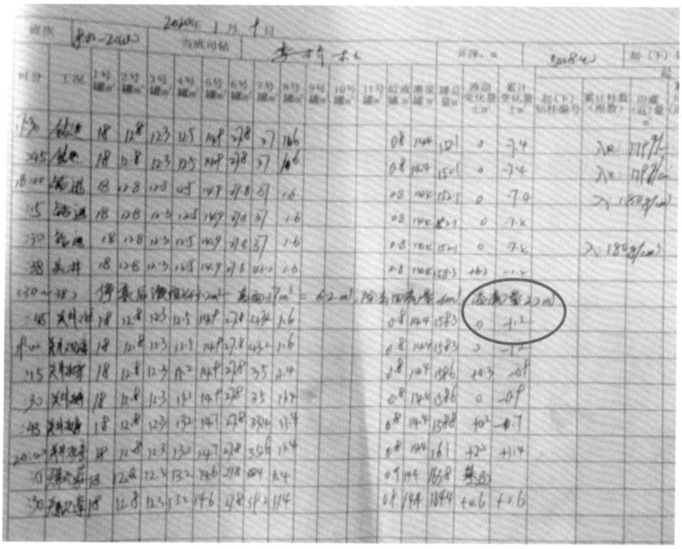

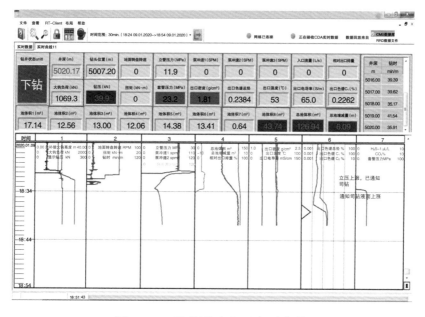

图 1-15 LS1 井坐岗记录

图 1-16 录井溢流发现实时曲线

案例 30   N209H11-4 井龙马溪组溢流事件

（一）基本情况

N209H11-4 井是部署在长宁背斜构造中奥陶统顶部构造南翼的一口开发水平井，该井龙马溪组预测压力系数 2.00，设计钻井液密度 2.10~2.32g/cm³。上层 ϕ244.5mm 套管下至 2228m，井口安装 35-35 防喷器组。

（二）事件经过

N209H11-4 井于 2019 年 5 月 13 日 08：10，用 ϕ215.9mm 钻头、密度 1.95g/cm³ 钻井液钻至 3449.93m（龙马溪组），液面上涨 0.2m³；至 08：27 观察钻进至 3451.97m，液面上涨 1.1m³；至 08：30 关井，立压为 0，套压 0.6MPa，核实溢流量 1.1m³；至 08：45 立压上涨至 21.2MPa，套压上涨至 22.8MPa（图 1-17）。

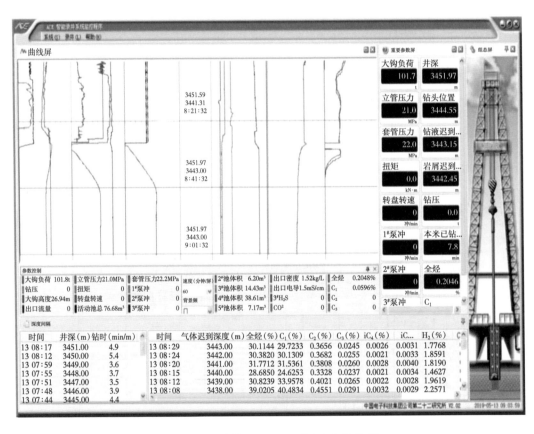

图 1-17   关井后立压、套压录井曲线

（三）处置过程

1. 等待邻井泄压

08：45 至 20：45 立压降至 17.7MPa，套压降至 19.3MPa（10：30 至 20：00 邻井 N209H10-1 井压裂队用 5mm 油嘴泄压，压力从 53MPa 降至 46.64MPa）。

2. 本井泄压

20：45 至 20：50 第一次缓开节流阀泄压排出钻井液 0.5m^3，套压由 19.4MPa 下降至 16.4MPa，立压由 17.8MPa 下降至 15.1MPa。

20：50 至 21：00 第二次泄压排出钻井液 0.5m^3，套压由 16.4MPa 下降至 16MPa，立压由 15.1MPa 下降至 15MPa。

21：00 至 21：10 关井，立压由 15MPa 上升至 15.2MPa，套压从 16MPa 上升至 16.2MPa。

3. 控压循环、排出受污染钻井液

21：10 至 14 日 00：10 控压循环排污，排量由 9.4L/s 上升至 14.8L/s，循环泵压 21.0~25.6MPa，套压由 19.2MPa 下降至 12.5MPa，入口密度 1.96g/cm^3，出口密度由 1.95g/cm^3 下降至 1.86g/cm^3，再上升至 1.96g/cm^3，液面无变化。

4. 关井观察、配制压井液

00：10 至 11：00 关井观察，立压由 10.9MPa 上升至 13MPa，套压由 8.3MPa 上升至 12MPa，期间现场配制密度 2.35g/cm^3 压井液。

5. 工程师法压井

11：00 至 13：47 泵入密度 2.35g/cm^3 压井液 152.2m^3，排量由 10.7L/s 上升至 16.1L/s，再上升至 17.5L/s，泵压由 22.6MPa 下降至 10.9MPa，再上升至 14.5MPa，再上升至 15.5MPa，套压由 15~16MPa 下降至 0，出口密度由 1.95g/cm^3 下降至 1.86g/cm^3，再上升至 2.19g/cm^3，开井出口断流，险情解除，损失时间 88.8h。

（四）原因分析

邻井压裂地层窜通引发溢流：N209H11-4 井与邻井 N209H10-1 井井底间距 436m，5 月 13 日 N209H10-1 井进行压裂作业，井口套压 53MPa，折算井底压力为 85MPa，此时地层压力系数为 2.61；N209H11-4 井关井套压 19.3MPa，折算井底压力为 82.6MPa，此时地层压力系数为 2.59，压力相近，地层压力系数相当，加之压井期间循环见水侵，故判断为邻井压裂地层窜通引发溢流。

（五）经验教训

（1）本井溢流主要原因为邻井压裂地层窜通。为此钻遇压裂同层时，应提前进行技术对接，畅通交流渠道，充分调研正钻井与压裂井的距离、层位和裂缝、断层分布等基础资料，认真研判地层窜通风险，避免类似压窜事件。原则上不得在压裂井周边 1km 范围内同时进行同层位的钻井作业（N209H11-4 井与邻井 N209H10-1 井井底距离 436m）。

（2）加强井控意识，严格执行"发现溢流立即正确关井，疑似溢流立即关井检查"的井控规定。

（3）本井溢流后，应第一时间组织邻井泄压，而不应盲目进行压井作业。否则有溢流加剧或井下漏失等井控风险和次生复杂。

案例 31　N209H11-5 井龙马溪组溢流事件

（一）基本情况

N209H11-5 井是部署在长宁背斜构造中奥陶统顶部构造南翼的一口开发水平井，该井龙马溪组预测压力系数 2.00，设计钻井液密度 2.10~2.32g/cm³。上层 ϕ244.5mm 套管下至 2245.83m，井口安装 35-35 防喷器组。

（二）事件经过

2019 年 8 月 6 日 N209H11-5 井使用 ϕ215.9mm 钻头、密度 2.10g/cm³ 钻井液三开钻至 5380m（龙马溪组）完钻，19：30 倒划眼起钻至井深 5331.07m，发现出口流量增加，溢流量 0.7m³；19：35 关井，立压 2.88MPa，套压 2.01MPa。至 19：45 立压由 2.88MPa 上升至 20.64MPa，再下降至 19MPa，套压由 2.01MPa 上升至 20.17MPa，再下降至 17MPa；同时观察到同平台 N209H11-7 井 B 环空压力 17MPa（图 1-18）。

（三）处置过程

1. 关井观察，压裂井泄压

7 日 20：55 关井观察，立压由 19MPa 下降至 8.2MPa，套压由 17MPa 下降至 7MPa；期间通知 N209H11-4 井停止压裂，关井，井口压力 40MPa，使用 5mm 油嘴泄压，井口压力由 40MPa 下降至 30.7MPa。后关井，井口压力上涨至 35.6MPa。

2. 本井泄压

20：55 至 21：05 第一次泄压排出钻井液 0.2m³，套压由 7.0MPa 下降至 5.5MPa，

立压由 8.2MPa 下降至 6MPa。

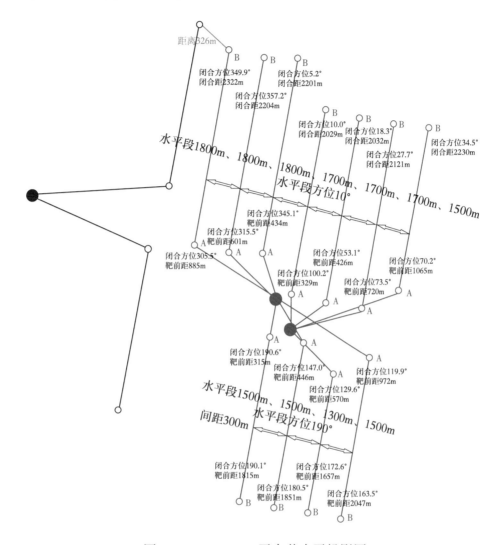

图 1-18　N209H11 平台井水平投影图

21：05 至 21：15 第二次泄压排出钻井液 0.3m³，套压由 5.5MPa 下降至 4.3MPa，立压由 6MPa 下降至 4.5MPa。

21：15 至 23：15 关井立压由 4.5MPa 上升至 5.3MPa，套压由 4.3MPa 上升至 4.5MPa。

3. 工程师法压井

23：15 至 8 日 04：07 使用 2.25g/cm³ 的钻井液正循环压井，排量 13.2L/s，立压 14.5~19.7MPa，套压由 10.2MPa 下降至 0，出口密度由 2.13g/cm³ 下降至 1.86g/cm³，再上升至 2.19g/cm³，液面无变化，漏失钻井液 30m³；停泵观察，

立压、套压均为 0，开井出口断流，压井成功，损失时间 33h。

（四）原因分析

邻井压裂地层窜通引发溢流。N209H11-4 井 2019 年 8 月 6 日 18：40 至 19：20 进行压裂作业，最高泵注压力 83MPa，最大排量 13.3m³/min，停泵压力 63MPa，折算井底压力为 86.5MPa；N209H11-5 井关井套压 17MPa，折算井底压力为 87.04MPa，两井井底压力相当，故判断为邻井压裂地层窜通引发溢流。

（五）经验教训

（1）本井溢流主要原因为邻井压裂地层窜通。为此钻遇压裂同层时，应提前进行技术对接，畅通交流渠道，充分调研正钻井与压裂井的距离、层位和裂缝、断层分布等基础资料，认真研判地层窜通风险，避免类似压窜事件。原则上不得在压裂井周边 1km 范围内同时进行同层位的钻井作业。

（2）加强井控意识，严格执行"发现溢流立即正确关井，疑似溢流立即关井检查"的井控规定。

（3）本井为压窜引发溢流，压井液密度平衡邻井压窜压力为宜。待地层闭合后，应及时降低钻井液密度，确保后续施工安全。

案例 32　Z201H62-3 井龙潭组溢流事件

（一）基本情况

Z201H62-3 井是部署在四川盆地威远区块的一口开发水平井，该井龙潭组预测地层压力系数 1.4，设计钻井液密度 1.47~1.87g/cm³，上层 φ339.7mm 套管下至 796m，井口安装 35-70 防喷器组。2 月 21 日 04：00 三开钻至龙潭组底部（2820m）后，按照"同一平台不能有 2 口井（含 2 口）以上同时在长兴组以深地层钻进"要求停止钻进作业。

（二）事件经过

Z201H62-3 井静止观察期间，在 2022 年 3 月 3 日 10：25 发现液面上涨 2m³，10：26 关井，套压由 0 上升至 8.32MPa，钻井液密度 1.66g/cm³，层位为龙潭组。

（三）处置过程

1. 静止观察，等待邻井压井

10：26 至 4 日 14：00 关井，静止观察，等待邻井压井，期间间断开节流阀排气泄压，套压由 8.32MPa 下降至 3.45MPa，折算地层压力系数 1.76，同时配制密度 1.90g/cm³ 压井液 230m³。

2. 工程师法压井

14：00 至 15：27 使用密度 1.90g/cm³ 压井液压井，排量 16~26L/s，泵压 7~11MPa，套压由 3.45MPa 下降至 0，火焰高 5m 至熄灭，停泵出口断流，溢流解除。

（四）原因分析

邻井溢流压井时压窜地层引发溢流。邻井 Z201H62-2 井关井期间，立压由 5.74MPa 下降至 0.12MPa，出现地层压窜，龙潭组高压气体窜至 Z201H62-3 井诱发溢流。

（五）经验教训

（1）严格按照"同一平台不能有 2 口井（含 2 口）以上同时在长兴组以深地层钻进"的要求停止作业。同平台的井溢流压井时，本平台同开次的井应停止作业，避免井下互窜。

（2）邻井压井引发溢流时，应立即关井观察，条件允许情况下可等待邻井压井结束后再组织压井，避免两口井交叉作业带来的井漏风险与处置难度。

（3）在配合过程中不能长期关井不进行处置。压井处置前，应根据最大关井压力，小排量间断正确释放井口压力，避免发生高套压事件。

（4）邻井压井压窜发生溢流，压井液密度选择可参考邻井。

案例 33　Y101H56-1 井石牛栏组溢流事件

（一）基本情况

Y101H56-1 井是部署在川南低褶带阳高寺构造群的一口评价水平井，该井石牛栏组预测地层压力系数为 1.85，设计钻井液密度 1.92~2.17g/cm³，上层 ϕ250.83mm+ϕ244.5mm 技术套管下至井深 2798.1m，井口安装 35-70 防喷器组。

（二）事件经过

2020 年 10 月 8 日 13：28，该井使用密度 2.14g/cm³ 钻井液钻进至 3400.28m（石牛栏组），录井坐岗工发现池体积上涨 0.72m³，上罐核查判断为倒浆，13：38 继续钻进至 3401.24m，液面累计涨 14.02m³，再次上罐核查判断为倒浆，13：44 继续钻进至 3401.44m，发现出口流量增大，13：46 关井成功，立压为 0、套压 14.07MPa，核实溢流量为 14.6m³（未含振动筛跑浆量）。

（三）处置过程

1. 压井准备

14：05 采用憋压法求得关井立压 4.12MPa，折算地层压力系数 2.26。

14：05 至 17：20 配制 2.33g/cm³ 压井液 180m³，期间套压上涨至 28.1MPa。

2. 第一次工程师法压井

17：20 至 18：28 泵入密度 2.33g/cm³ 压井液 38.5m³（压井液出钻头），排量 9.5L/s，泵压 6.7MPa，套压由 28.1MPa 下降至 20.8MPa，火焰高度 5~7m。

18：28 至 18：40 泵入密度 2.33g/cm³ 压井液 45m³，排量 9.5~11.2L/s，泵压 6.7~8.4MPa，套压由 20.8MPa 下降至 18.5MPa，因液气分离器排液管线堵塞，液气分离器排气口返出钻井液，停止压井。

3. 第二次工程师法压井

18：40 至 22：04 整改液气分离器排液管线，期间套压上涨至 21.8MPa。

22：04 至 9 日 06：30 累计泵入密度 2.30g/cm³ 压井液 236m³，排量 9.5~11.13L/s，立压由 7MPa 上升至 8.3MPa，再下降至 7.6MPa，套压由 12.5MPa 降至 0，出口密度 2.25g/cm³，火焰高度 6~8m 至熄灭。

4. 节流循环提密度

06：30 至 06：45 开井，循环时液面上涨 0.2m³。

06：45 至 16：20 关井节流循环提密度由 2.30g/cm³ 提至 2.33g/cm³，排量由 9.5L/s 逐渐提至 16.9L/s，立压由 8.2MPa 上升至 11.3MPa、套压为 0，液面稳定。

16：20 至 16：25 开井停泵观察，出口无钻井液返出，溢流解除。

（四）原因分析

（1）实际地层压力高于预测地层压力，实钻钻井液密度不能平衡地层压力。石牛栏组预测地层压力系数 1.85，设计钻井液密度 1.92~2.17g/cm³，实际钻井液密度 2.14g/cm³，根据求取关井立压 4.12MPa，计算实际地层压力系数为 2.26，最终使用 2.33g/cm³ 压井液压稳。

（2）溢流发现不及时，导致关井不及时，造成高套压。

（3）检修液气分离器管线堵塞被迫停止压井，整改液气分离器排液管线，导致套压进一步升高至 21.8MPa。

（五）经验教训

（1）应加强地层压力研究，准确预测地层压力。

（2）严格执行"发现溢流立即正确关井，疑似溢流立即关井检查"的井控规定，杜绝高套压事件的发生。

（3）加强坐岗人员培训，提高坐岗人员溢流发现能力。

（4）加强对液气分离器等井控设备的日常检查保养，确保井控装备时刻处于正常可用状态。

（5）压井作业前，应按压井施工单准备充足、符合压井设计的重浆。

案例 34　L212 井石牛栏组溢流事件

（一）基本情况

L212 井是部署在川南低褶带天生向斜构造的一口评价直井，该井石牛栏组预测地层压力系数 1.9，设计钻井液密度 1.97~2.05g/cm³，上层 ϕ244.5mm+ϕ250.83mm 技术套管下至 3275.9m，井口安装 35-70 防喷器组。

（二）事件经过

2022 年 10 月 16 日 14：28，该井使用密度 2.07g/cm³ 钻井液、ϕ215.9mm 钻头四开钻进至井深 3666.29m（石牛栏组），出口流量增加；14：30 钻井队坐岗工发现缓冲罐即将溢出，报告司钻；继续钻进至 14：36（井深 3668.5m），钻井液增量 1.9m³，录井仪器操作员发现异常报告司钻；继续钻进至 14：42（井深 3670.01m），钻井液增量 3.07m³；14：45 准备关井，14：46 钻井液涌出缓冲罐，14：47 关井，立压为 0、套压 4.5MPa，钻井液累计上涨 10.77m³（未含涌出缓冲罐体积），20min 后套压上涨至 23MPa。

（三）处置过程

1. 压井准备

15：07 至 18：05 关井观察，套压 23MPa 保持稳定，现场准备密度 2.37g/cm³ 压井液 200m³。

2. 环空反挤

18：05 至 18：16 环空反挤密度 2.37g/cm³ 压井液 1.2m³，排量 2.2L/s，泵压 28.5MPa，套压由 23MPa 上升至 29.06MPa，未能挤入。

3. 工程师法压井

18：16 至 21：30 正注密度 2.37g/cm³ 压井液 179.4m³，排量 4.4~15.4L/s，泵压由 20MPa 下降至 8.5MPa，再上升至 12.8MPa，套压由 28.5MPa 下降至 0，火焰高度由 8~10m 至熄灭，压井成功。

（四）原因分析

（1）实际地层压力高于预测地层压力，实钻钻井液密度不能平衡地层压力。石牛栏组预测地层压力系数 1.90，设计钻井液密度 1.97~2.05g/cm^3，实钻钻井液密度 2.07g/cm^3，最终使用密度 2.37g/cm^3 压井液压井成功，较设计钻井液密度上限高出 0.32g/cm^3。

（2）违章操作，溢流未及时关井造成高套压。当班司钻两次收到溢流报警仍继续钻进，从 14：28 钻进时出口流量增加，继续钻井到 14：45 液面累计涨 10.77m^3，持续溢流 17min，导致关井套压达到 23MPa。

（五）经验教训

（1）应加强地层压力研究，准确预测地层压力。

（2）严格执行"司钻是溢流关井第一责任人"和"发现溢流立即正确关井，疑似溢流立即关井检查"井控职责。该案例从发现溢流到关井耗时 17min，累计溢流量达 10.77m^3。

（3）加强关键岗位人员井控能力培训，提高井控意识和井控能力。

（4）关井后应及时正确求取关井立压，为压井提供依据。

案例 35 L203H79-4 井石牛栏组溢流事件

（一）基本情况

L203H79-4 井是部署在川南低褶带阳高寺构造群的一口评价水平井，该井四开石牛栏组预测地层压力系数为 1.85，设计钻井液密度 1.92~2.15g/cm^3，上层 ϕ244.5mm+ϕ250.83mm 技术套管下至 2673.25m，井口安装 35-70 防喷器组。

（二）事件经过

2020 年 9 月 9 日 07：05，用密度 2.12g/cm^3 钻井液钻进至 2839.95m（石牛栏组）液面上涨 0.6m^3，坐岗人员汇报司钻，07：11 司钻停泵检查，07：16 重新开泵循环，液面坐岗人员发现出口流量持续增大，立即报告司钻，07：18 关井，立压为 0、套压 9.12MPa，累计液面上涨 10.2m^3，07：21 套压由 9.12MPa 上升至 16.87MPa，发现上半封闸板刺漏，07：23 关下半封，07：25 套压上涨至 22.81MPa。

（三）处置过程

1. 压井准备

07：25 至 09：55 采用憋压法求关井立压 3.5MPa，折算地层压力系数 2.24。

配制密度 2.26g/cm³ 压井液 120m³，期间套压由 22.81MPa 上升至 27.9MPa。

2. 工程师法压井

09：55 至 14：11 正注密度 2.26g/cm³ 的压井液 120m³，排量 8~10L/s，泵压由 6.7MPa 下降至 4.8MPa，套压由 27.97MPa 上升至 29.36MPa，再下降至 0，出口密度 2.25g/cm³，焰高 6m 至熄灭，停泵出口断流，溢流解除。

（四）原因分析

（1）实际地层压力高于预测地层压力，实钻钻井液密度不能平衡地层压力。石牛栏组预测地层压力系数 1.85，设计钻井液密度 1.92~2.15g/cm³，实际钻井液密度 2.12g/cm³，溢流后求取关井立压 3.5MPa，计算实际地层压力系数 2.24。

（2）违章操作，未及时关井，导致高套压。07：05 钻进至井深 2839.95m液由上涨 0.6m³，司钻停泵检查 6min，又开泵循环观察 5min，导致关井后实际溢流 10.2m³，关井 7min 套压上涨至 22.81MPa。

（五）经验教训

（1）应加强地层压力研究，准确预测地层压力。

（2）严格执行"司钻是溢流关井第一责任人"和"发现溢流立即正确关井，疑似溢流立即关井检查"井控职责。该案例从发现溢流到关井持续 13min，累计溢流量达 10.2m³。

（3）加强关键岗位人员井控能力培训，提高井控意识和井控能力。

（4）该案例中关井后出现半封刺漏，日常井控装备周检和月度试压中应加强检查，排除本质安全隐患。

（5）严格按照气井安全附加密度，确保压井液平衡地层压力，同时满足后续安全起钻要求。

案例 36　SY001-H2 井须家河组溢流事件

（一）基本情况

SY001-H2 井是部署在双鱼石构造上二叠统底界构造的一口开发水平井，该井四开须三段至须一段预测地层压力系数为 1.5，设计钻井液密度 1.57~1.80g/cm³，上层 ϕ273.05mm 技术套管下至 3696.13m，井口安装 35-70 防喷器组。

（二）事件经过

2019 年 11 月 12 日 20：44，用密度 1.75g/cm³ 的油基钻井液钻进至井深 3965.92m（须三段），发现扭矩由 5.7kN·m 上升至 6.4kN·m，泵压由 23.5MPa 上升至 25.4MPa，停止钻进。20：50 循环观察发现出口流量增大，20：52 关井，立压为 0、套压 18.8MPa，溢流量 4m³（图 1-19）。

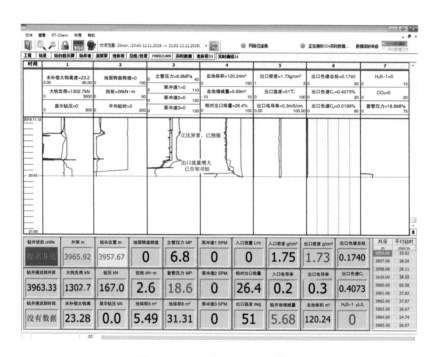

图 1-19　溢流发现实时曲线

（三）处置过程

1. 压井准备

21：28 采用憋压法求关井立压 7.2MPa，折算地层压力系数 1.93，至 13 日 00：07 配制密度 2.08g/cm³ 油基压井液。

2. 工程师法压井

00：07 至 00：20 用密度 2.08g/cm³ 压井液压井，排量 18L/s，泵压由 12.7MPa 上升至 16.2MPa，套压由 18.3MPa 下降至 8.9MPa，再上升至 45.3MPa，液气分离器排气口及缓冲罐见钻井液溢出，点火未燃，期间液面上涨 28.39m³。

3. 被迫放喷，管线法兰刺漏

00：20 至 00：33 倒 4# 放喷管线，套压升降 46.3MPa，4# 放喷管线法兰刺漏，倒 2# 放喷管线，套压上升至 62.9MPa，2# 放喷管线法兰刺漏，累计替入 2.08g/cm³

压井液 31.0m³（图 1-20）。

00：33 至 05：37 停泵关 8# 液动平板阀，整改液气分离器管线，立压由 1.5MPa 下降至 0，套压 61.8MPa。

图 1-20　2#、4# 放喷管线刺漏点

4. 第二次正循环压井

05：37 至 10：00 用密度 2.10g/cm³ 压井液 215m³ 压井，排量 18~24L/s，泵压 3.2~9.7MPa，套压由 61.8MPa 下降至 0，出口焰高 5~10m 至熄灭，溢流解除。

（四）原因分析

（1）实际地层压力高于预测地层压力，实钻钻井液密度不能平衡地层压力。该井须三段预测地层压力系数为 1.50，实际钻井液密度 1.75g/cm³，溢流后求取关井立压 7.2MPa，计算地层压力系数 1.93。由于实钻钻井液密度与实际地层压力当量密度差异过大，导致发生溢流后，井筒钻井液溢出速度快，溢流量较大，关井压力上涨速度快、压力高。

（2）初始关井套压高达 18.8MPa 和第一次压井 13min 套压高达 45.3MPa，表明溢流发现不及时，造成高套压事件。

（二）事件经过

2019年10月20日21：40，该井用密度2.25g/cm³钻井液钻进至井深4152.76m（栖一段），发现出口流量下降，液面下降0.5m³；21：51钻进至井深4153.47m，井漏失返（图1-23）；23：00吊灌起钻至井深3849.85m，出口未返；21日00：00间断吊灌，出口未返，地面调配密度2.25g/cm³堵漏浆（10%随堵，4%复堵）40m³；00：20下钻至井深4111.67m，出口未返；01：00泵入堵漏浆13.5m³，见返；01：37正替钻井液39.0m³，停泵出口未断流，液面上涨0.7m³，关井，立压为0，15min后套压7.1MPa（图1-24）。

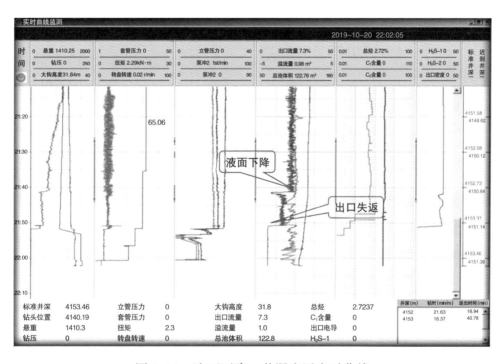

图1-23 液面下降、井漏失返实时曲线

（三）处置过程

1.压井准备

01：37至09：00关井观察、准备压井液，期间套压由0上升至16.8MPa，再下降至14MPa，再上升至26MPa。

2.第一次反挤堵漏

09：00至12：50环空反注密度2.25g/cm³压井液115m³（含密度2.25g/cm³、浓度15%堵漏浆19m³），套压由26MPa下降至0.7MPa、立压由7.5MPa下降至0。

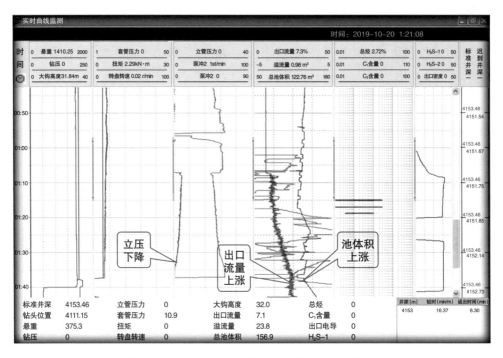

图 1-24　出口流量上涨、液面上涨实时曲线

12：50 至 14：45 关井观察，立压、套压为 0，开井出口断流。

3. 吊灌起钻测漏速

14：45 至 15：30 吊灌起钻至 3965.42m，出口未返。

15：30 至 15：56 继续吊灌出口见返，测得平均漏速 10.2m³/h。

4. 第二次反挤堵漏

15：56 至 16：35 敞井吊灌观察。

16：35 至 17：48 关井观察，套压由 0 上升至 2.2MPa、立压由 0 上升至 10.8MPa。

17：48 至 18：02 关井正注密度 2.25g/cm³ 压井液 11m³，泵压由 10.8MPa 上升至 14.9MPa、套压由 2.2MPa 上升至 6.6MPa。

18：02 至 21：02 关井观察套压由 6.6MPa 下降至 0，再上升至 1.7MPa、立压为 0，泄压开井，套压由 1.7MPa 下降至 0，出口断流。

21：02 至 22：15 循环，套压由 5.6MPa 下降至 2.6MPa，出口点火未燃，漏失钻井液 9.4m³。

22：15 至 22 日 00：39 关井，反推密度 2.25g/cm³ 压井液 120.2m³（堵漏浆

34.2m³），套压由 2.6MPa 上升至 11.3MPa，再下降至 7.3MPa。

00：39 至 01：30 憋压候堵，套压由 7.3MPa 下降至 6.5MPa、立压由 9.3MPa 下降至 8.6MPa。

5. 第一次抢起钻具

01：30 至 03：50 泄压开井，套压由 6.5MPa 下降至 0、立压由 8.6MPa 下降至 0，出口未断流。

03：50 至 04：50 抢起钻具至井深 3771.23m，出口未断流。

04：50 至 07：00 关井观察，立压为 0，套压由 0 上升至 17.5MPa（有回压阀）。

6. 反推降套压候堵

07：00 至 08：46 关井反挤密度 2.25g/cm³ 钻井液 60m³，套压由 17.5MPa 下降至 7.9MPa；关井正注钻井液 5.0m³，套压由 7.9MPa 下降至 7.6MPa。

08：46 至 16：12 关井观察，套压由 7.6MPa 上升至 8.8MPa，立压为 0。

7. 第二次抢起钻具

16：12 至 16：58 泄压开井，抢起钻具至井深 3751.86m，出口未断流。

16：58 至 17：55 关井观察，套压由 0 上升至 6.2MPa，再上升至 34MPa、立压由 0 上升至 31.9MPa。

8. 压裂车反推降套压

17：55 至 18：05 用压裂车反挤密度 2.25~2.5g/cm³ 压井液 25m³，套压由 34.1MPa 上升至 53.1MPa、泵压由 31.9MPa 下降至 31.7MPa。

18：05 至 18：30 关井观察，套压由 53.1MPa 上升至 54.3MPa、立压由 31.7MPa 下降至 31.6MPa。

9. 节流降套压

18：30 至 20：40 经节流管汇节流泄压，出口点火，套压由 54.3MPa 下降至 37.5MPa，再上升至 52.4MPa，立压由 31.6MPa 下降至 2.0MPa。

20：40 至 23 日 00：30 经 4# 管线泄压，焰高 45m，套压由 52.4MPa 下降至 16.4MPa，再上升至 40.7MPa，再下降至 16.9MPa，立压 0.6MPa。

10. 正注压井

00：30 至 01：45 正注密度 2.25~2.50g/cm³ 压井液 96m³，套压由 16.4MPa 上升至 20.0MPa，立压由 0.6MPa 上升至 0.9MPa。

01：45 至 02：25 经 4# 管线泄压，焰高 30~60m，套压由 20MPa 上升至 40.7MPa，再下降至 16.9MPa，立压 0.6MPa（其中 02：13 发现 4# 放喷管线刺漏）。

02：25 至 02：40 关井，套压由 16.9MPa 上升至 65MPa。

11. 压井注水泥施工

02：40 至 24 日 00：55 经放喷管线泄压，焰高 30~60m，套压由 65MPa 下降至 9~16MPa（单放喷管线泄压套压 16MPa，双放喷管线泄压套压 9MPa；期间放喷管线弯头、法兰等多处出现刺漏现象），立压 0.5MPa。

00：55 至 01：46 用压裂车、钻井泵正注密度 2.20~2.45g/cm³ 钻井液 58.0m³，泵压由 4.3MPa 上升至 23.6MPa，套压由 17.5MPa 下降至 0，焰高由 40m 下降至 15m，有液体返出。

01：46 至 03：13 经 2#、4# 放喷管线泄压，焰高 40m，套压由 20.0MPa 下降至 18.0MPa，立压为 0，出口伴有钻井液（判断 4# 防喷管线堵塞，且 3# 放喷管线已刺漏而停止压井作业）。

03：13 至 05：07 用压裂车正注密度 2.20~2.45g/cm³ 钻井液 180.0m³，经 2# 放喷管线控制套压 30~35MPa，焰高由 40m 下降至 15m，出口气带液。

05：07 至 05：47 用水泥车正注密度 1.90g/cm³ 快干水泥浆 50.0m³，经 2# 放喷管线控制套压由 21MPa 下降至 12MPa，焰高 10~15m，出口气液同喷。

05：47 至 06：30 用压裂车正替密度 2.20~2.45g/cm³ 钻井液 38m³，经 2# 放喷管线控压（后期关井），套压由 12MPa 上升至 20.0MPa，立压由 23.6MPa 上升至 32MPa，再下降至 25MPa（停泵立压降至 5.0MPa），出口气液同喷。

06：30 至 06：50 用水泥车反挤钻井液 4m³，套压由 20.0MPa 上升至 32.0MPa。

06：50 至 17：05 关井候凝，期间泄压排除井筒余气，套压降为 0。

（四）原因分析

（1）井漏诱发溢流。钻至栖霞组发生井漏失返，井内液柱压力下降，上部长兴组天然气外溢并窜至井口，导致关井高套压。

（2）压井和堵漏对井下形成圈闭压力认识有偏差，出口未断流误认为是压井液进入长兴组形成压力圈闭出现回吐，开井泄圈闭压力，导致井内液柱压力持续下降，最终形成高套压。

（3）在井口压力未为零、井口未断流的情况下，抢起钻具，导致事件复杂化，最终发生严重溢流井涌。

（五）经验教训

（1）加强区域地质研究，提高地质预测精准度。加强长兴组、栖霞组地质攻关，加大油藏地质特征分析和邻井测录井资料分析，提高设计针对性，减少井控遭遇战。

（2）应按相关技术规定释放圈闭压力。避免圈闭压力释放操作不当，放出的井浆量过多，侵入井筒的天然气增多，导致井内压力失衡。

（3）在井口压力未为零、井口未断流的情况下，应采取戴重浆帽使井口压力归零，再组织抢起钻具。

（4）放喷管线弯头应按照井控细则规定"应使用夹角不小于120°的锻钢弯头或不小于90°的耐冲蚀弯头"。避免在放喷降压过程中因压力高、产量大，对弯头和法兰冲蚀，增加处置难度。

（5）加强井控技术管理人员和现场作业人员井控技术培训，特别是高压气井溢流、又溢又漏等井控技术，提高其对井下情况分析判断和应急处置能力。

案例 38　GS001-X28 井长兴组溢流事件

（一）基本情况

GS001-X28 井为高石梯潜伏构造震旦系顶界 GS1 井区南高点北翼的一口开发井，该井长兴组设计钻井液密度 $2.17\sim2.25g/m^3$，上层 $\phi247.6mm$ + $\phi244.5mm$ 技术套管下至 2948.04m，井口安装 35-70 防喷器组。

前期施工情况：2018 年 6 月 3 日使用密度 $2.18g/cm^3$ 钻井液钻至井深 3697.65m（长兴组），液面上涨 $0.5m^3$，关井（立压为 0、套压由 0.8MPa 上升至 3.5MPa），边循环边加重至 $2.25g/cm^3$ 压平。

（二）事件经过

2018 年 6 月 4 日 09：10，用密度 $2.24g/cm^3$ 钻井液钻至井深 3762.34m（长兴组），10：25 循环 75min，11：01 短程起钻至井深 3704.37m，液面上涨 $0.2m^3$ 且未灌进钻井液，继续起钻（液面持续上涨且未灌进钻井液），至 12：11 起至井深 3500.67m 出口呈柱状流，累计钻井液增量 $2.9m^3$，12：15 关井，立压为 0、套压 6MPa，12：35 套压由 6MPa 上升至 9.1MPa。

（三）处置过程

1. 原浆循环排气

12：35 至 13：45 用密度 $2.25g/cm^3$ 的钻井液节流循环排气，排量 8.9~12.8L/s，泵压 2.5~5.9MPa，套压由 9.1MPa 上升至 18MPa，再下降至 14MPa，再上升至 32MPa，分离器出口点火燃（焰高 6~8m）（图 1-25）。

13：45 至 13：55 正注密度 $2.27g/cm^3$ 压井液 $7.2m^3$，套压上涨至 36MPa

（此时循环罐扶梯附近，液气分离器排气管线活接头连接处脱开，如图 1-26 所示）。

图 1-25　分离器点火

图 1-26　分离器排气管线活接头脱开处

2. 放喷泄压

13：55 至 16：10 倒至 4# 放喷管线放喷泄压，正注密度 2.3g/cm³ 的压井液 86.5m³，套压由 36.0MPa 上升至 41.0MPa，此后逐步下降至 38.1MPa、29.2MPa、11.1MPa，出口点火燃焰高 12~14m。

3. 节流控压循环加重

16：10 至 22：00 倒至液气分离器循环排气，循环加重至 2.32g/cm³ 压稳，套压由 11MPa 下降至 0，停泵关井观察，出口断流，溢流解除。

（四）原因分析

（1）起钻抽吸导致井底压力不能平衡地层压力引发溢流。

（2）违章作业，发现溢流未及时关井，仍又继续起钻 200m，导致高套压事件。

（五）经验教训

（1）杜绝起钻抽吸，一旦发现抽吸现象，应立即下放钻具过抽吸井段，循环排除溢流。

（2）严格执行"发现溢流及时正确关井，疑似溢流立即关井检查"的井控规定。杜绝发生溢流后继续抽吸起钻的违章指挥和违章作业情况再次发生。

（3）溢流关井后应准确求取关井立压，作为压井依据。采用司钻法排除溢流，应在初始循环压力上附加安全值，确保井底压力大于地层压力。

（4）液气分离器排气管线应采用法兰连接。

（5）坚持起钻前循环井内钻井液时间不应少于一周半；短程起下钻后的循环观察时间也应达到一周半以上；进出口密度差不超过 0.02g/cm³。短程起下钻应测油气上窜速度，满足井控安全要求才能进行起下钻作业。

案例 39 Z217 井龙马溪组溢流事件

（一）基本情况

Z217 井为自流井构造南翼的一口评价井，该井龙马溪组至宝塔组预测地层压力系数为 2.0，设计钻井液密度 2.07~2.15g/cm³，上层 ϕ250.8mm+ϕ244.5mm 技术套管下至 2395.43m，井口安装 35-70 防喷器组。

（二）事件经过

2022 年 12 月 6 日 09：30 用密度 2.16g/cm³ 钻井液钻进至井深 4251m（龙马溪组）完钻；10 日 18：50 电测中途通井，下至井深 4233.28m；11 日 01：30

循环短起至井深 3383.98m，等测井仪器，静止观察；13 日 07：00 静观出口无异常；07：29 用密度 2.16g/cm³ 钻井液循环排后效，总烃逐步上涨至 67%，液面上涨 0.5m³；07：31 关井，立压、套压均为 0，7min 后套压涨至 2.1MPa；18：15 逐步提密度至 2.20g/cm³ 控压循环排气，泵压 5.5~15.6MPa，排量 21~35L/min，套压由 0 上升至 2.5MPa，再下降至 0，焰高 0.5~1m 至熄灭；18：20 开井，出口断流；19：50 下钻至井深 4242.69m；20：40 关井，用密度 2.20g/cm³ 钻井液循环排后效，排量 17.9~34L/s，泵压由 10.1MPa 下降至 0.1MPa，再上升至 4.4MPa，套压由 3.0MPa 上升至 15.5MPa，出口焰高 3~5m，液面上涨 0.9m³，同时液面坐岗工发现液气分离器排气管线法兰密封圈刺漏；20：42 停泵关节流阀、平板阀，套压 15.5MPa，液面累计上涨 5m³。

（三）处置过程

1. 压井准备

20：42 至 14 日 01：18 关井观察（立压为 0，套压由 15.5MPa 上升至 16.2MPa），地面配制 2.20g/cm³ 钻井液 150m³。

2. 控压循环排气

01：18 至 04：15 用密度 2.20g/cm³ 钻井液控压循环排气，排量 14~30L/s，泵压 11.1~14.3MPa，套压由 16.1MPa 上升至 20.1MPa，再下降至 0，出口点火焰高 3~10m 至熄灭，关井观察，立压、套压均为 0，开井循环，溢流解除（图 1-27）。

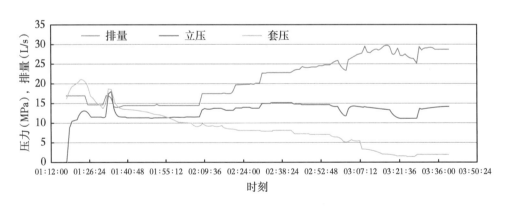

图 1-27 Z217 井控压节流循环排气施工压力曲线

（四）原因分析

因静观时间长达 67.8h，气体侵入井筒，循环排后效时气体运移膨胀，导致关井套压上涨至 15.5MPa。

（五）经验教训

（1）静观期间要根据施工井段气层显示情况定期下钻分段循环排后效，避免因静止时间过长，气体进入井筒诱发溢流。

（2）在控压节流循环排气期间，应按照低泵速试验数据附加安全压力值，控制好立压，确保井底压力平衡地层压力。

（3）本井在循环排气期间出现液气分离器排气管线法兰刺漏。应加强井控装备安装、维护和保养。

（4）环形防喷器不宜长时间关井。

案例 40　L214 井龙马溪组溢流事件

（一）基本情况

L214 井为四川盆地川南低褶带福集向斜的一口评价井，该井龙马溪组预测地层压力系数为 2.0，设计钻井液密度 2.07~2.15g/cm³，上层 φ250.8mm+φ244.5mm 技术套管下至 3108.15m，井口安装 35-70 防喷器组。

（二）事件经过

2022 年 12 月 15 日用密度 2.22g/cm³ 的钻井液四开钻进至井深 4049.72m（龙马溪组）发生溢流，逐步提密度至 2.30g/cm³ 压稳，随后井下一直存在井漏，频繁气液置换；23 日在井深 3105m 注水泥 10m³ 堵漏；27 日 09：18 下钻探塞划眼至井深 3961.25m，井队坐岗人员发现出口流量增大，汇报司钻，09：19 关井，09：25 套压为 11.5MPa，液面累计涨 12.6m³。

（三）处置过程

09：25 至 12：50 节流循环，提密度由 2.35g/cm³ 提至 2.38g/cm³，排量 16.4L/s，泵压由 8.6MPa 下降至 5.8MPa，套压由 11.5MPa 下降至 0.5MPa，火焰高度由 8m 下降至 0.5m，期间漏失钻井液 12.3m³。

12：50 至 13：13 节流循环，钻井泵上水不好，泵压由 5.6MPa 下降至 0.5MPa，套压由 0.5MPa 上升至 3.86MPa，液面累计涨 12m³。

13：13 至 13：30 停泵关井，检查钻井泵，关井套压上涨至 20.46MPa。

13：30 至 17：00 节流循环，维持钻井液密度 2.38g/cm³，排量由 12.1L/s 下降至 8L/s，再上升至 17.48L/s，泵压由 11MPa 下降至 7MPa，再上升至 10.5MPa，套压由 20.38MPa 下降至 0，火焰高度 12m 至熄灭，险情解除。

（四）原因分析

（1）实际地层压力高于预测地层压力。龙马溪组预测地层压力系数 2.0，设计钻井液密度 2.07~2.15g/cm³，最终密度 2.38g/cm³ 压稳。

（2）12 月 23 日堵漏结束至 27 日下钻，因静止时间长，气体侵入井筒并滑脱上移。

（3）溢流发现不及时，液面累计涨 12.6m³，导致关井套压达 11.5MPa。

（4）压井期间钻井泵上水不佳，泵压由 5.6MPa 下降至 0.5MPa，未及时中止压井作业，造成关井套压上涨达 20.46MPa。

（5）本井安全密度窗口窄，溢漏同存造成压井时间较长。

（五）经验教训

（1）应加强地层压力研究，准确预测地层压力。

（2）严格执行"发现溢流立即正确关井，疑似溢流立即关井检查"的原则。该井下钻期间 08：00 至 09：18 出口一直线流，未及时关井。

（3）关井后应及时正确求取关井立压，为压井提供依据。

（4）压井作业期间发现钻井泵上水不好，应立即中止压井作业，避免井底持续溢流。

（5）对于溢漏同存的压井作业，应及时准确掌握和记录钻井液增减量。

第七节　井控装备事件典型案例

案例 41　Z201H4-5 井防磨套损坏事件

（一）基本情况

Z201H4-5 井为威远中奥陶统顶部构造西南翼的一口开发井，井口安装 35-70 防喷器组。

（二）事件经过

2018 年 3 月 30 日钻至井深 1245m（雷口坡组）起钻更换钻头和螺杆，下钻至 9.6m 遇阻，多次转动顶驱，强行下放至 13.08m 遇阻严重，起钻发现防磨套撕裂后的碎片卡在钻头上，剩余防磨套碎片在套管头位置（图 1-28）。

图 1-28 防磨套损坏

（三）处置过程

2018 年 3 月 31 日 01：00 钻井队在无任何防控措施的情况下，私自拆套管头侧翼阀门将防磨套碎片取出（图 1-29），31 日 15：20 至 15：50，对套管头侧翼阀门分别试压合格，18：30 装新防磨套恢复下钻，解除复杂。

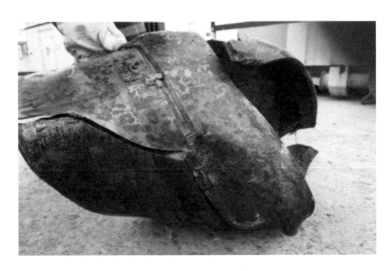

图 1-29 取出的防磨套碎片

（四）原因分析

该井在更换钻头和螺杆下钻至 9.6m 遇阻，未及时查找原因，司钻野蛮操作，多次转动顶驱，强行下放至 13.08m 遇阻严重，造成防磨套损坏。

（五）经验教训

（1）下入螺杆钻具时应避免在防喷器组部位试运转。若遇阻不应强压强转，避免防喷器组及附件的损坏。

（2）在钻开油气层后拆卸井口装置之前，应进行风险评估，制定防控技术措施。该井在处理防磨套碎片期间，未经风险评估和请示汇报，擅自卸掉远控台管汇压力，拆卸下半封手动操作杆，存在重大井控风险。

案例 42　MX117 井采气井口安装造假事件

（一）基本情况

MX117 井为四川盆地川中古隆起磨溪构造陡坎带 MX22 井区东南部的一口评价井，该井于 2015 年 11 月 28 日开钻，2016 年 5 月 29 日完钻，完钻井深 5515m，完钻层位灯三段，钻完井结束后转入试油作业，2016 年 7~11 月对灯四段及栖霞组试油，试油结束后封闭井筒完井，2017 年 8 月 14 日对龙王庙组进行试油作业。

（二）事件经过

2017 年 8 月 14 日，MX117 井换装 HH 级特殊四通后，用手压泵对特殊四通副密封试压，压力上涨至 20.4MPa 后突降至 7.2MPa，检查发现二级套管头一颗顶丝丝杆伸出约 5cm（图 1-30）。泄压后将该顶丝完全退出，测量全长为 234mm，外螺纹端完好，顶丝尾部有切割痕迹（图 1-31）。

图 1-30　顶丝丝杆伸出约 5cm

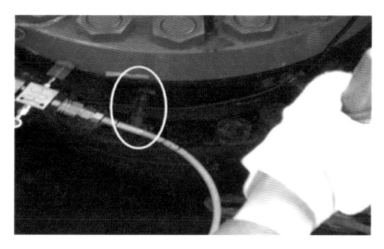

图 1-31　顶丝尾部的切割痕迹

（三）处置过程

8月15日，广汉钻采石油设备厂（套管头生产厂家）人员到场，将二级套管头顶丝逐颗退出进行检查：二级套管头顶丝剩余长度均为 55mm。二级套管头顶丝长度分别为（图 1-32）：234mm、272mm、287mm、262mm、340mm、315mm、261mm、287mm、286mm、307mm。1# 顶丝孔内有断裂的丝锥（图 1-33）。二级套管头顶丝内螺纹内有水泥及钻井液残渣。

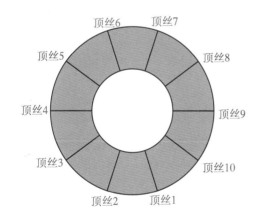

图 1-32　顶丝位置示意图

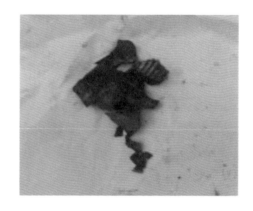

图 1-33　断裂丝锥碎片

根据广汉钻采石油设备厂加工图纸，TF9$\frac{5}{8}$in×7in-105 套管头所用顶丝长度应为 340mm。

根据现场检查结果，MX117 井二级套管头 5# 顶丝长度正常，其余 9 颗顶丝长度异常。

8月17日，将MX117井二级套管头顶丝全部更换为340mm顶丝，换装HH级特殊四通后，副密封试压70MPa合格。

根据二级套管头、套管悬挂器及顶丝结构图，二级套管头上顶丝全长340mm，安装到位后剩余长度55mm，完全退出时剩余长度73mm。

（四）原因分析

（1）施工队伍盲目抢进度、不按操作规程作业。7in套管回接固井后，未将二级套管头顶丝顶到位，弄虚作假切割顶丝，造成特殊四通副密封试压不合格。

（2）施工队伍及套管头厂家工程质量意识和井控安全风险意识淡薄。明知顶丝未顶到位后不仅不认真整改，通过切割顶丝及更换不合要求的短顶丝方式将顶丝剩余长度统一为55mm，共同弄虚作假。

（五）经验教训

（1）强化井控意识，加强井控相关标准、规范、制度的执行和落实。

（2）强调井控装备及配件的安装。井控装备到达现场，工程技术人员须认真检查验收，严格按照说明书要求安装，并按相关标准进行试压检查。杜绝顶丝安装弄虚作假等现象再次发生。

案例43 L202井换装环形防喷器施工预案执行不到位事件

（一）基本情况

L202井为桐梓园构造桐北潜高高点的一口评价井，该井宝塔组预测地层压力系数2.0，设计钻井液密度2.15~2.27g/cm³。

（二）事件经过

2017年7月2日用密度2.30g/cm³钻井液钻进至5622m（宝塔组），发现环形防喷器顶盖螺栓漏油。

（三）处置过程

2日14：00起钻完，组合通井钻具（起钻完后现场为节约时间，以等措施为由在环形防喷器失效情况下进行通井）。

3日15：30下钻通井到底。

4日12：00起钻完（制定施工预案，并完成井控作业许可申报，施工前未进行预案交底）；14：00松顶丝、取防磨套；17：30下钻至井深258.61m接试压塞座挂，更换环形防喷器（图1-34至图1-36）。

图 1-34 环形防喷器油腔窜油

泸202井换装环形防喷器施工预案

一、起下钻情况

短程起下钻15柱，全烃最高38%，液面无变化。最近一次起下钻测得油气上窜速度为70.98m/h，油气上窜高度2448.75m，安全时间为79小时。起下钻一趟时间为36小时，更换防喷器时间约6小时，在安全时间范围内。

二、安全措施

1. 起钻完松顶丝、取防磨套，下钻至井深1000.00m后接试压塞，试压塞座到位后倒扣卸钻杆、紧顶丝，确保有1000m钻具留在井内。

2. 油压泄完、拆环形防喷器油管线后，重新打压至全封、半封闸板防喷器至正常工作状态，以便紧急时能及时关井控制井口。

图 1-35 换装环形防喷器施工预案

井深	5622m	大钩负荷	228kN
立压	0	泵冲1	0
钻头位置	259.41m	钻压	0
套压	0.03MPa	泵冲2	0
钻时	0	迟到井深	5622m
大钩高度	33.57m	泵冲3	0
迟到时间	0	转速	0
扭矩	0	钻井状态	坐卡
总泵冲	15684	入口流量	0
出口流量	0	入口密度	2.31g/cm³
出口密度	1.11g/cm³	入口温度	27.18℃
出口温度	77℃	入口电导	0.09S/m
出口电导	0.18S/m	总池体积	75.71m³
池体积1	27.85m³	池体积2	2.78m³
池体积3	10.44m³	池体积4	14.45m³
池体积5	8.58m³	溢漏	−0.05m³
CO_2	0	总烃	0
C_1	0	C_2	0
C_3	0	iC_4	0
nC_4	0	iC_5	0
nC_5	0	H_2S-1	0
H_2S-2	0	H_2S-3	0
H_2S-4	0		

图 1-36 实际下入井深接试压塞座挂

（四）原因分析

（1）井控意识淡薄。没有清醒认识到环形防喷器失效和换装防喷器面临的井控风险，起钻完后施工作业队伍为节约时间，以等措施为由在环形防喷器失效情况下进行通井，致使井控安全防护缺失。

（2）技术措施不落实。施工预案要求下钻至1000m接试压塞座挂后更换环形防喷器，实际仅下至258.61m。

（3）资料弄虚作假。录井、钻井擅自篡改下入深度，录井队长等资料审核流于形式（图1-37）。

设置(S) 实时(R) 停止(T) 诊断(X) 录井实时数据(D) 历史(H) 导出数据(E) 另存图片(L) 退出(Q)

时间 井深(m) 钻头位置 迟到井深(m)	大钩负荷(kN) 0—3000 钻压(kN) 0—500 大钩高度(m) 0—40	转速(r/min) 0—150 扭矩(kN·m) 0—200 钻时(min/m) 0—120	套压(MPa) 0—30 立压(MPa) 0—40 泵冲1(次/min) 0—120 泵冲2(次/min) 0—120	入口密度(g/cm³) 0—2.6 出口密度(g/cm³) 0—2.4 出口温度(℃) 0—100 出口电导率(S/m) 0—54	出口流量(%) 0—100 入口流量(L/s) 0—300 溢漏量(m³) 0—20 总池体积(m³) 0—350	总烃(%) 0—0.01 甲烷 0.01 乙烷 0.01 丙烷 0.01
07-06 11:50						
07-06 11:55						
07-06 12:00						
07-06 12:05						
07-06 12:10						
07-06 12:15						
07-06 12:20						

实时数据

当前层位：宝塔组
日期 2017-07-06　时间 12:27:00

井深	5622m	大钩负荷	232kN
立压	0	泵冲1	0
钻头位置	978.89m	钻压	0
套压	0.02MPa	泵冲2	0
钻时	0	迟到井深	5622m
大钩高度	14.03m	泵冲3	0
迟到时间	0	转速	0
扭矩	0	钻井状态	坐卡
总泵冲	130656	入口流量	0
出口流量	0	入口密度	2.3g/cm³
出口密度	1.12g/cm³	入口温度	30.37℃
出口温度	77℃	入口电导	0.11S/m
出口电导	0.17S/m	总池体积	82.96m³
池体积1	27.59m³	池体积2	5.37m³
池体积3	10.46m³	池体积4	13.8m³
池体积5	10.56m³	溢漏	-0.03m³
CO_2	0	总烃	0
C_1	0	C_2	0
C_3	0	iC_4	0
nC_4	0	iC_5	0
nC_5	0	H_2S-1	0

图 1-37　篡改数据，谎报钻具下深

（五）经验教训

（1）提高井控安全认识。强化管理人员和操作人员的井控安全意识，高度重视井控管理制度对保障井控安全的重要性，提升"全员、全过程、全方位防控"的井控意识，杜绝违章指挥、违章操作。

（2）环形防喷器等井控装置损坏、失效时，应及时进行风险评估，制定相应应急预案，组织技术交底，并严格执行。

（3）提高红线、底线意识，杜绝资料弄虚作假。

案例 44　PT107 井防喷管线堵塞事件

（一）基本情况

PT107 井为四川盆地川中古隆起北斜坡蓬莱地区斜坡带的一口评价井，该井嘉二段至嘉一段预测地层压力系数为 2.20，设计钻井液密度 2.20~2.35g/cm³，井口安装 35-70 防喷器组。

（二）事件经过

2022 年 4 月 21 日 09：30，用密度 2.43g/cm³ 的钻井液钻进至井深 4105.02m（嘉一段）后进行短程起下钻作业，22 日 09：40 下钻至井深 4095.18m 循环，11：21 发现钻井液从防溢管上方溢出，11：23 关井，10min 后立压、套压均为 0，11：43 开井，发现出口不断流，随即关井，套压由 0 上升至 0.19MPa。

（三）处置过程

1. 压井准备

11：43 至 12：00 关井，节流循环准备，发现四条防喷管线堵塞。

2. 开井循环

12：00 至 12：50 开井循环，泵压 6.0MPa、排量 19.2L/s，液面无变化，13：55 关井观察，立压、套压均为 0，整改防喷管线。

3. 原钻井液循环排气

12：50 至 18：45 循环排气（节流阀全开），泵压 7.0~21.3MPa、套压 0.7~2.9MPa，排量 19.2~40.7L/s，出口密度 2.42~2.43g/cm³，液面无变化。

18：45 至 18：50 停泵，关井套压为 0，溢流解除。

（四）原因分析

（1）井控基础工作管理薄弱，内防喷管线吹扫不到位，未严格落实井控装备维护保养相关要求。

（2）违章指挥、违章操作。在关井套压不为零的情况下因管汇堵塞无法立即转入控压排气作业，现场技术干部违章指挥下达开井循环指令。

（五）经验教训

（1）加强井控装备管理。严格落实井控装备维护保养相关要求，避免应急处置时无法使用，增大井控风险。

（2）强化井控风险意识。杜绝井口带压情况下直接开井。

（3）严格执行《西南油气田钻井井控实施细则》第五十七条"关井立压为零、套压不为零时，应控制回压保持井底压力略大于地层压力，维持原钻进流量和泵压条件下排除溢流，恢复井内压力平衡，再用短程起下钻检验，决定是否调整钻井液密度"。

案例 45 LT2 井液气分离器堵塞事件

（一）基本情况

LT2 井为四川盆地九龙山构造茅口组Ⅲ号岩溶发育区的一口风险探井，该井须二段至须一段预测地层压力系数为 1.72，设计钻井液密度 1.80~1.87g/cm³。

（二）事件经过

2018 年 12 月 18 日 21：13，用密度 1.90g/cm³ 的有机盐聚磺钻井液钻进至井深 3465.80m（须二段）发现气测异常；至 21：41 钻进至井深 3466.11m，气测达峰值全烃上升至 41.0247%，出口钻井液密度由 1.90g/cm³ 下降至 1.85g/cm³，出口流量增大，总池体积上涨 0.6m³，关井，立压、套压均为 0。

（三）处置过程

1. 液气分离器堵塞

节流循环排气过程中，发现钻井液未由分离器排液管线返至循环罐面，检查发现分离器本体下部及排液管线发生堵塞（图 1-38）。

至 12 月 19 日 12：10 对液气分离器进行清理疏通，期间关井观察 15h，立压、套压均为 0。

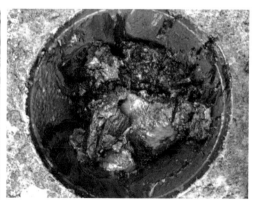

图 1-38 液气分离器堵塞情况

2. 原钻井液控压节流循环

12：10 至 17：00 用密度 1.9g/cm³ 的钻井液控压 0.7~1.0MPa 循环（泵压 6.5~7.0MPa，排量 21.67~22.5L/s），气测值趋于稳定，全烃含量 15%，出口密度 1.88g/cm³，出口密度始终无法恢复。

3. 循环加重，处理气侵

17：00 至 21：00 逐步加重钻井液密度至 $1.95g/cm^3$，控压 0.1~0.6MPa 循环，泵压 6.1~6.7MPa，排量 22~24L/s，气测全烃由 15% 下降至 7%，出口密度由 $1.88g/cm^3$ 上升至 $1.95g/cm^3$。

21：00 至 21：15 停泵，开井观察，出口断流，恢复钻井作业。

（四）原因分析

未严格落实井控装备维护保养制度要求，液气分离器排污吹扫不到位。

（五）经验教训

加强对井控装备日常检查、维护和保养。日常在防喷演习、节流循环、装备试压等作业后及时对节流压井管汇、防喷管线、液气分离器等关键设施进行排污吹扫，正常作业期间定期排污吹扫。

第二章 井下作业部分

第一节 压裂作业井口刺漏典型案例

案例 46 JYT1 井压裂井口刺漏事件

（一）基本情况

JYT1 井为渝西区块护国寺向斜西翼的一口风险探井。完钻层位龙马溪组，预测地层压力系数 2.0，据此预测地层压力 88.11MPa，预计纯天然气时井口最高关井压力为 74.67MPa，测井井深 6410.00m，温度 145.0℃。

（二）事件经过

2021 年 7 月 18 日 15：03 现场作业人员发现井口处有刺漏现象，现场项目经理指挥紧急停砂、停泵、关井。15：10 井口监测套压 70.81MPa，观察发现 2# 与 5# 闸阀之间的仪表法兰刺漏，测试队一人徒手抢关 2# 闸阀，受井口操作空间和刺漏射流限制，闸阀手轮无法转动，抢关失败。15：20 测试队一人采用 24in 管钳再次抢关 2# 闸阀，闸阀仍无法扳动，抢关失败（图 2-1）。

图 2-1 仪表法兰盘

（三）处置过程

1. 通过管汇泄压，试关 2# 闸阀失败

2021 年 7 月 18 日 15：34 现场汇报西南油气田公司开发事业部后，开侧翼 6# 闸阀通过地面管汇泄压（油嘴 3mm+4mm），井口压力由 70.81MPa 下降至 65.77MPa；15：40 通过侧翼 6# 闸阀持续泄压，井口压力由 65.77MPa 下降至 64.33MPa，刺漏趋势未减，人员仍无法靠近，无法关闭 2# 闸阀控制井口，更换油嘴（10mm+4mm）继续泄压。

2. 成立现场处置小组，商讨处理方案，抢关 2# 闸阀失败

2021 年 7 月 18 日 21：45 召开现场首次会议，制订应急方案；现场持续降温降压，清理 2# 闸阀周围障碍物，尝试关闭 2# 闸阀失败，后制作隔热挡板，尝试抢关 2# 闸阀三次，均不成功。

3. 连续油管下桥塞封堵井筒，井口停止刺漏，放喷口断流

2021 年 7 月 19 日 22：40 连续油管下 ϕ103mm 桥塞至 517.8m 处遇阻 2t，现场决定上提至 503.15m，投球坐封后，井口停止刺漏；23：10 井口刺漏点再次发生刺漏现象，现场判断桥塞坐封失效，期间试关 2# 闸阀失败。

2021 年 7 月 20 日 01：15 连续油管下第二只桥塞至 12m 位置遇阻 1t，上提 10t 未解卡，桥塞坐封，井口压力下降至 0，井口停止刺漏。

4. 保养井口闸阀，关闭 2# 闸阀，险情解除

2021 年 7 月 20 日 02：10 对井口喷淋降温，通过前注脂孔对 2# 闸阀注入密封脂，替换腔内原有密封脂后，成功关闭 2# 闸阀。给 3#、6# 闸阀注脂，关闭 6# 闸阀，通过压裂八通对井口试压 10.0MPa 合格后解除应急状态。

（四）原因分析

（1）油管头中残留的盐酸冲洗不彻底，导致仪表法兰堵头被腐蚀，密封失效。

（2）页岩气加砂压裂施工时间长、强度高、高低压交替的特点，造成仪表法兰堵头松动。

（3）《JYT1 井压裂作业联合应急处置方案》《JYT1 井压裂作业 HSE 作业计划书》对井口刺漏风险识别不到位，控制措施针对性不强，且现场未组织开展井口刺漏状况下的应急演练。

（五）经验教训

（1）充分清洗油管头和地面流程，避免盐酸等介质腐蚀油管头、流程管线和法兰等部件（图 2-2）。

（a）井口仪表法兰刺漏图　　　　　　（b）仪表法兰中未发生刺漏的另外2个堵头对比

图 2-2　仪表法兰刺漏

（2）严格按照《关于进一步加强压裂井口装置现场使用管理的通知》的要求，压裂井口油管头四通 $2^{\#}$ 与 $5^{\#}$ 阀门，$3^{\#}$ 与 $6^{\#}$ 阀门之间禁止安装使用仪表法兰。

（3）全面识别现场存在的各类风险，制定有针对性的措施，并进行应急演练，验证措施的有效性和可行性。评估井口周围设备安装的合理性和必要性，拆除妨碍采取紧急措施的设备。

（4）压裂作业期间安装视频监控系统全程监控压裂井口，及时发现井口刺漏；当井口发生刺漏时，严格按照《页岩气井压裂井口装置管理及泄漏应急处置程序（试行）》要求迅速控制井口，解除井控险情。

案例 47　N214 井压裂井口刺漏事件

（一）基本情况

N214 井是一口评价井，完钻井深（垂深 / 斜深）2749.91/4850.00m，水平段长 2050m。

（二）事件经过

2020 年 6 月 11 日 11：09，N214 井第 5 段压裂施工，施工压力 80.0~84.0MPa，施工至液量 1300m³、砂量 103.45t 时，发生井口油管头侧翼 $2^{\#}$ 与 $5^{\#}$ 阀之间法兰刺漏，停砂，停泵，大量高温高压含砂液体喷出（图 2-3）。

图 2-3　油管头侧翼阀

（三）处置过程

1. 抢关 2# 阀控制刺漏

对井口连续喷水降温，大功率连续抽液，于 2020 年 6 月 11 日 13 点 50 分抢关 2# 阀控制刺漏，解除险情。

2. 坐桥塞，换装井口

2020 年 6 月 12 日分别在井深 1800.3m、1795.1m 坐桥塞。6 月 13 日连续油管下放至 1795m 注水泥 2.3m³，6 月 15 日下放连续油管至 1593m 遇阻 1.5t，探得水泥塞位置，拆旧油管四通，换装新油管四通，试压合格后恢复压裂井口。

（四）原因分析

（1）2# 与 5# 阀法兰之间连接螺栓松动，造成法兰盘之间钢圈的金属端面密封失效，高压液体从密封薄弱处泄漏（图 2-4）。

图 2-4　刺漏闸阀、密封钢圈、连接螺栓

（2）采气井口油管头侧翼闸阀、密封钢圈、连接螺栓可能存在质量缺陷，导致连接法兰处存在薄弱环节，造成压裂液体泄漏。

（3）采气井口装置在压裂期间的高低压交变与振动、温度周期性变化、放喷管线的重量拉力等因素造成压裂过程中螺栓松动，法兰之间的间隙变大从而导致刺漏。

（4）连接法兰出现轻微渗漏后，由于井筒压力高达 80.0MPa，渗漏的液体含有大量的石英砂和陶粒，高温高压含砂液体喷出导致法兰密封面迅速刺坏，法兰、螺栓快速冲蚀。

（五）经验教训

（1）全面排查采购、制造、运输环节存在的问题，完善质量管理体系。井口装置到达现场后，生产厂家应按照要求进行现场技术服务，做好安装前检查、安装测试、注脂试压等工作，确保现场安装质量。

（2）现场施工队伍落实特殊四通及 2#、3#、5#、6# 阀门维护保养职责，执行井口装置生产厂家提供的《KQ65-70/105 采气井口装置使用说明书》要求，定期检查阀门，确认阀门螺栓 / 螺母、阀体 / 阀盖、端部连接是否紧固，确保采气井口装置安全可靠。

（3）在井口处安装高清视频监控，由压裂队对施工井口进行实时监控，确保问题及早发现、及时整改。

（4）项目建设单位组织井口厂家和施工单位，针对螺栓疲劳引起的法兰刺漏和阀门内漏等进行工作安全分析，识别可能存在的风险，并制定控制措施；编写针对性应急预案，并组织现场作业人员开展应急演练。

第二节　起下管柱作业溢流典型案例

案例 48　LX1 井短程起下钻溢流事件

（一）基本情况

LX1 井是原钻机试油的一口风险探井，酸化改造后，未达到沟通缝洞的理想效果，决定补孔和二次酸化。在封隔器解封时，发现射孔管柱被卡埋，从管柱安全接头处倒扣，理论鱼顶深 6696.50m，井下落鱼总长 339.60m。该井吴家坪组设计地层压力系数 2.15，设计压井液密度 2.22~2.40g/cm³。

（二）事件经过

经 4 趟套铣打捞，累计捞获落鱼 240.69m，打捞出油管外壁部分附着硬质堆积物，油管内堵塞，上部见无固相压井液与钻杆涂层混合物为主，下部见盐结晶与岩屑混合为主，呈硬团、块状。2022 年 4 月 9 日 10：50 至 13：30 使用密度 1.77g/cm³ 无固相压井液负压测试，循环液面无异常，全烃最高 1.66%；至 13：50 短程起钻至井深 6811.98m；至 13：58 观察出口，发现出口无固相压井液外溢，立即关井。

（三）处置过程

1. 压井准备

2022 年 4 月 9 日，准备密度 2.40g/cm³ 压井液 310.0m³。

2. 工程师法压井

4 月 9 日 21：00 开节流阀泄压，套压由 41.47MPa 下降至 34.00MPa，正注密度 1.01g/cm³ 隔离液 1.90m³，密度 2.40g/cm³ 的压井液 128.0m³，经地面测试流程返出 1.71~1.77g/cm³ 无固相工作液 100.00m³ 排至应急池，套压由 34.00MPa 下降至 0，火焰高度由 2~4m 下降至 1~3m，再至熄灭，压井成功，井控险情解除。

3. 循环调整压井液性能，短程起下钻测后效

10 日 00：43 至 12 日 09：00 循环调整改性聚磺压井液，密度由 2.40g/cm³ 下降至 2.35g/cm³，13 日 00：30 短程起下 30 柱后观察，测得后效全烃由 0.0467% 上升至 21.6396%，再下降至 3.4256%，后效历时 144.0min，油气上窜速度 204.30m/h。

4. 循环加重至 2.40g/cm³，短程起下钻 30 柱静观一个起下钻和月度试压作业周期，循环测后效

14 日 20：00 循环加重压井液密度至 2.39~2.41g/cm³，短起下 30 柱后循环后效全烃最高 1.78%，总池体积无明显变化，高峰持续 23min，后效历时 51min，油气上窜速度 128.33m/h。短起至 6066.39m，静止观察，出口无异常；下套铣打捞管柱至井深 6917.18m，循环改性聚磺压井液，密度 2.40~2.41g/cm³、漏斗黏度 90~96s，立压 24.98~28.20MPa，排量 306~324L/min，全烃最高 0.67%，无后效。

（四）原因分析

（1）吴一段产层中部垂深 6930.0m，预测地层压力 148.52MPa，目前井筒无固相压井液密度 1.77g/cm³，计算井底负压差达 28.0MPa，不能平衡地层压力。

（2）停泵后循环压耗消失和短程起钻存在抽吸作用降低井底压力，诱发填充落鱼内外的堵塞失效，落鱼下部圈闭高压气体释放导致溢流。

（五）经验教训

（1）试油期间使用的压井液密度，应将钻井期间密度和测试地层压力综合考虑，避免因施工中的异常情况导致误判。

（2）起管柱作业过程中，严格控制起钻速度，防止起钻抽吸导致溢流。

（3）试油故障复杂处理中，要考虑落鱼内外的堵塞物造成的圈闭高压气体突然释放而导致溢流。

（4）钻机试油期间，通过节流管汇的 J8 或 J10 的旁侧法兰连接测试流程，有利于压井控制，解决高压分离和点火难题。

案例 49　LT2 井封隔器解封后起管柱溢流事件

（一）基本情况

LT2 井是钻机试油的一口风险探井，孤峰组—茅口组酸化测试结果产水，设计地层压力系数 2.15g/cm³，设计钻井液密度 2.22~2.30g/cm³。

（二）事件经过

2019 年 12 月 8 日 10：40 用密度 2.22g/cm³ 压井液压井后上提解封 RTTS 封隔器，10：47 上提管柱，发现环空出口小股外溢，拆除油管挂，出口外溢量增大，抢接方钻杆，关井，立压 0，套压 14.9MPa，校核溢流量 1.8m³。

（三）处置过程

1. 压井准备

准备密度 2.22g/cm³ 压井液 300.0m³。

2. 循环排气

12 月 8 日 11：30 至 18：00 经液气分离器正循环压井液，泵压由 0 上升至 17.8MPa，再下降至 16.5MPa，排量 430~500L/min，控制套压由 16.5MPa 下降至 1.8MPa，再下降至 0，入口密度由 2.22g/cm³ 下降至 2.17g/cm³，出口密度由 2.18g/cm³ 下降至 1.16g/cm³ 再上升至 2.15g/cm³，点火燃，焰高 1.5~2m 至熄灭。压井液累计漏失 92.0m³，最高漏速 26.3m³/h，最低漏速 6.0m³/h，平均漏速 11.7m³/h；12 月 9 日 01：00 关井，立压为 0，套压由 1.3MPa 下降至 0.4MPa。08：00 敞井观察，立压为 0，套压由 0.4MPa 下降至 0，出口无显示，液面在井口，压井成功，井控险情解除。

（四）原因分析

（1）封隔器解封后，聚集在封隔器以下的气体上窜。

（2）发生溢流后未先抢接内防喷工具及时关井，导致溢流量增大，关井套压高。

（五）经验教训

（1）高度重视封隔器解封后圈闭高压气体释放造成的井控风险，解封前接好内防喷工具，解封后发现环空异常，立即关井，经分离器控压循环排气。

（2）射孔酸化测试联作结束的压井，应先从油管内进行挤注法压井，将油管内及封隔器以下的天然气推入地层，注满压井液。

（3）由于油管内进行挤注法压井后油管内平稳，该井溢流为聚集在封隔器以下的气体上窜造成，使用前期密度 $2.22g/cm^3$ 压井液能平衡地层压力。

案例 50　GS103-C1 井起钻作业溢流事件

（一）基本情况

GS103-C1 井是原钻机试油的一口滚动评价井，完钻井深（垂深／斜深）5149.34/6385.00m，裸眼完井，地层压力 55.71MPa，地层压力系数为 1.10。

（二）事件经过

2021 年 6 月 30 日钻杆送裸眼分段改造管柱，悬挂封隔器坐封、验封，管柱丢手，全井筒替清水敞井观察 8h，出口无异常，循环。7 月 1 日 06∶20 起钻至 316.37m 灌浆完，发现出口未断流，06∶22 关井，套压由 0 上升至 5.8MPa，立压为 0。

（三）处置过程

1. 压井准备

准备密度 $1.98g/cm^3$ 压井液 150.0m³，密度 $1.16g/cm^3$ 压井液 220.0m³。

2. 压回法压井、下钻、调整压井液

7 月 1 日 08∶05 至 10∶07 钻杆正挤密度 $1.98g/cm^3$ 压井液 21.0m³，套压由 7.3MPa 上升至 8.6MPa，再下降至 3.8MPa，立压由 0 上升至 3.9MPa 再下降至 8.9MPa，再下降至 1.9MPa，环空反推密度 $1.98g/cm^3$ 压井液 11.8m³，套压由 3.8MPa 下降至 1.5MPa，立压由 1.9MPa 下降至 1.1MPa，开井，套压由 1.5MPa 下降至 0，立压由 1.1MPa 下降至 0。11∶45 至 17∶15 下钻至井深 1186.13m 正挤密度 $1.16g/cm^3$ 压井液 7.0m³，反推密度 $1.16g/cm^3$ 压井液 110.0m³，关井观察，立压由 22.0MPa 下降至 7.9MPa，套压由 21.6MPa 下降至 8.2MPa。18∶40 至

19:30取防溢管,关环形防喷器,装旋转控制头总成,套压由0上升至3.8MPa。

7月2日04:30控压下钻至井深5035.46m,套压1.3~4.2MPa,泵压1.6~4.6MPa。20:00循环调整压井液密度由1.16g/cm³上升至1.24g/cm³,敞井观察,出口无异常,压井成功,井控险情解除。

3. 短起、敞井观察、下钻排后效

2021年7月3日04:00起钻至井深4752.72m,应灌1.0m³,实灌1.3m³,漏失密度1.24g/cm³压井液0.3m³。至2021年7月9日敞井观察,出口断流,每4h通过反循环灌浆见返,下钻至井深5040.00m,循环排后效起钻。

（四）原因分析

井下回压阀失效,无法有效封隔地层。

（五）经验教训

（1）针对裸眼分段改造管柱,一是入井管柱带质量可靠的双回压阀,二是下管柱过程中严格执行操作规程,避免造成井下工具失效。

（2）现场按设计要求储备足够的压井液及加重材料,并且维护好压井液性能,做到随时可以使用。

（3）针对发生溢流时井下管柱较少的溢流处置,可先采用高密度压井液压回法压井,下钻至目的井深后根据井下情况及时循环调整密度;在条件许可情况下,宜安装旋转防喷器控压下钻,逐步恢复对井口的控制。

案例 51　L016-H1 井通井作业溢流事件

（一）基本情况

L016-H1井是原钻机试油的一口开发水平井,钻井期间使用密度1.94~1.98g/cm³压井液在飞二段多次钻遇气测异常或气侵。该井飞二段预测地层压力系数为1.92,预计井口最高关井压力为78.7MPa,设计压井液密度2.01~2.05g/cm³。

（二）事件经过

2018年4月30日05:38在密度2.01g/cm³的压井液中通井划眼至井深5184.77m,停泵接立柱,发现出口未断流,液面上涨1.3m³,发生溢流。05:42关井,累计溢流5.1m³。05:58关井观察,套压为0。

（三）处置过程

1. 压井准备

准备密度2.01g/cm³压井液120.0m³。

2. 环空反挤压井液

4月30日10：24环空反挤密度2.01g/cm³的压井液56.6m³压井，10：27停泵观察，套压、泵压下降至0，泄压开井。

3. 短起、观察、排后效

4月30日12：40起钻至井深4655.35m观察，经液气分离器控压0.3MPa循环排气，出口点火未燃。20：40下钻至井深4951.71m经液气分离器控压0.3~0.6MPa循环排气，分离器出口点火燃，呈橘红色，焰高由1.5~3.0m下降至0.5m，再至自灭。

4. 下钻、循环、加重、起钻

5月1日00：50至04：00下钻至井深5142.45m，遇阻30kN；经液气分离器控压0.3~0.5MPa循环排气，出口点火燃，呈橘红色，焰高1.0~3.0m至自灭；12：10循环加重压井液密度由2.01g/cm³上升至2.04g/cm³，5月2日08：00起钻完。

5. 下钻、循环排气、起钻

5月3日14：15下光钻杆经液气分离器分段循环排气至井深5720.00m，分离器出口点火燃，呈橘红色，焰高0.5~2.0m。5月4日14：30循环压井液，起钻完，液面正常。

（四）原因分析

（1）井下裸眼段静止时间长达7d未循环排后效，气体在水平裸眼段聚集（井深5175.00m，井斜79.57°），通井划眼时气体上窜导致溢流。

（2）通井划眼期间未及时发现溢流，致使关井溢流量较大（图2-5）。

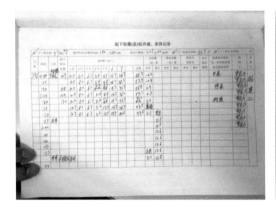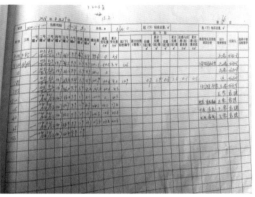

图2-5　录井、钻井划眼期间液面坐岗记录

（五）经验教训

（1）应提高排除后效的认识，水平井、大斜度井容易聚集形成严重后效，尤其是长时间静止或起钻存在抽吸等工作后，宜采取分段循环措施逐步进行排除。

（2）应提高坐岗人员发现识别溢流的能力，清楚溢流显示，及时发现溢流，及时正确关井。

第三节　套铣作业溢流典型案例

案例 52　JT1 井套铣封隔器溢流事件

（一）基本情况

JT1 井是钻机试油的一口风险探井，根据测试资料和压井漏失情况推算产层中部 6166.50m 处地层压力 138.61~139.75MPa，预计井口关井压力 117.86~118.74MPa。结合井下关井未稳，据此计算地层压力系数 2.29，考虑测试后采用密度 2.32g/cm³ 压井液压井的井漏情况，预测地层压力系数为 2.31。

（二）事件经过

2021 年 2 月 3 日 22：00 使用密度 2.31g/cm³ 的压井液套铣至井深 5795.73m 完井封隔器胶筒位置，发现液面上涨 1.8m³，停泵、停顶驱，上提钻具至井深 5795.12m，22：02 关井，套压由 0 上升至 6.8MPa，立压为 0。

（三）处置过程

1. 压井准备

准备密度 2.51g/cm³ 压井液 300.0m³。

2. 压回法压井

2 月 3 日 23：14 至 23：55 关井反挤密度 2.32g/cm³ 压井液 23.1m³、密度 2.51g/cm³ 压井液 88.9m³，正挤密度 2.50g/cm³ 压井液 2.5m³（井下有回压阀）关井观察，套压由 1.8MPa 下降至 1.3MPa，立压由 15.9MPa 下降至 4.3MPa。

3. 循环排气

2 月 5 日 08：00 经液气分离器节流循环，漏失密度 2.45g/cm³ 压井液 7.7m³，测得漏速 1.5m³/h，套压为 0，立压 24.0~28.9MPa，排量 715~820L/min，进口密度 2.45g/cm³，出口密度 2.44g/cm³，点火燃，焰高 0.5~2m。7 日 09：00 至 15：05 经液气分离器节流循环处理压井液，密度由 2.50g/cm³ 下降至 2.44g/cm³，套压由

1.3MPa 下降至 0，立压 24.0~28.9MPa，点火燃，焰高 2m 至自熄，入口密度 2.45g/cm³，出口密度由 2.42g/cm³ 上升至 2.45g/cm³，漏失密度 2.45g/cm³ 压井液 11.3m³，压井成功，井控险情解除。

（四）原因分析

完井封隔器下部压井液与井下气体发生置换，套铣封隔器密封胶筒后井下气体上窜。

（五）经验教训

（1）产层改造排液测试后，地层高压气体聚集在封隔器下部，套铣封隔器时未识别到可能存在的风险。应加强对井下情况的判断，分析好工况可能存在的风险，班前会提醒正副司钻、坐岗人员加强液面监控。

（2）套铣完井封隔器前，可再挤注一定数量压井液，将封隔器以下的天然气推入地层，注满压井液，削减或避免封隔器下气体在套铣封隔器胶筒后上窜，造成溢流。

（3）在进行套铣作业前按设计要求取附加安全值上限调整工作液密度，做好重浆、重晶石等应急物资储备。

（4）此类溢流压井方法推荐采用压回法，将井筒内高压油气流推回地层，然后经液气分离器控压循环处理压井液，加快压井速度。

第四节　其他井控事件典型案例

案例 53　ZT108-X2 井井口阀门泄漏事件

（一）基本情况

ZT108-X2 井是四川盆地中台山构造上的一口滚动评价井，该井于 2020 年 12 月 28 日试油完井，测试产量 83.17×10⁴m³/d，关井压力 63.76MPa。

（二）事件经过

2021 年 4 月 28 日 10：55 值班人员发现井口 1# 大阀门刺漏。

（三）处置过程

1. 紧固螺栓

4 月 29 日 04：30 使用 85mm 液力扳手紧固大阀门刺漏法兰螺栓共计 4 圈，紧固扭矩由 7600N·m 上升至 9000N·m，紧固后大阀门法兰处停止刺漏。

2. 采用 2.45g/cm³ 压井液压井

04：30 至 11：00 准备密度 2.40~2.45g/cm³ 压井液 200.0m³，清水 330.0m³，连接泄压管线，压裂车就位。

12：08 至 13：10 使用 2 台 2000 型压裂车挤注清水 5.0m³，排量 0.5m³/min，泵压由 65.0MPa 下降至 62.5MPa；挤注密度 2.45g/cm³ 钻井液 51.0m³，排量 0.5~1.1m³/min，泵压由 62.5MPa 下降至 2.8MPa，停泵观察，泵压由 2.8MPa 下降至 0。

3. 下连续油管坐封桥塞，建立井筒安全屏障

4 月 30 日下连续油管带 103mm 桥塞至 3950.0m 坐封丢手，再下连续油管带 103mm 桥塞至 3940.0m 坐封丢手。

（四）原因分析

（1）ZT108-X2 井井口 1# 大阀门因前期两次酸化改造的高压振动与后期长期关井高压作用，手轮端阀盖发生泄漏。

（2）大阀门长期处于带压状态，密封件出现疲劳现象，存在导致刺漏的可能，该井 2020 年 12 月 28 日结束试油工作，至 2021 年 4 月 28 日共 122d，1# 大阀门连接部位一直处于带压状态，套压 65.0MPa，间接导致大阀门刺漏。

（3）试油结束后未督促井口阀门厂家定期对阀门进行检查、维护及保养。

（五）经验教训

（1）大阀门在运输和酸化过程中振动，可能导致螺栓松动和密封件出现疲劳现象，厂家人员应在大阀门酸化施工结束后进行检查紧固保养。

（2）应进一步细化井控装备管理措施，充分识别井口装置长期承受高压可能造成泄漏的风险，定期对长时间高压关井的井口大阀门及采油树等井控装备进行紧固螺栓及维护、保养，绝不能让井控装备带病上岗。

（3）井口大阀门出现刺漏，经紧固法兰螺栓，采用 2.40g/cm³ 压井液挤注压井，下入暂闭桥塞，险情得以解除。

案例 54 H202 井连续油管穿孔刺漏事件

（一）基本情况

H202 井，完钻井深（垂深/斜深）3945.12/5844.00m，目的层为龙马溪组。该井使用的连续油管生产日期是 2017 年 11 月 30 日，材料等级 TS-110，额定压力 105.0MPa，该井施工前疲劳寿命 56.8%（已用），在本井前共使用 8 井次、起下 27 趟，其中通井、射孔 4 趟，钻塞 56 个（图 2-6）。

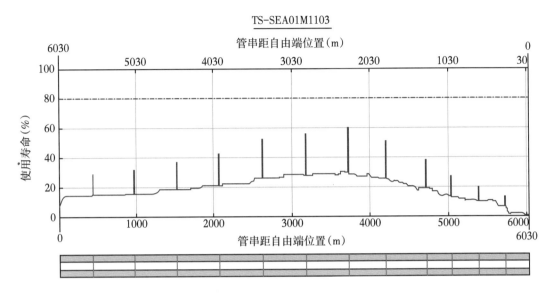

图 2-6　连续油管使用寿命记录

（二）事件经过

2018 年 6 月 26 日 01：00 连续油管钻磨第 17~20 支桥塞完；02：00 开始循环脱气（井口压力 44.0MPa）；04：16 连续油管上提至 5324.7m 遇卡，反复上提下放活动解卡；21：10 起至 652.0m，滚筒上油管突然发生刺漏，刺漏点距离油管末端 1300m 左右，油压 46.0MPa 瞬间降至 10.0MPa，套压 41.0MPa。

（三）处置过程

1. 立即停车，查找刺漏点

2018 年 6 月 25 日 21：10 刺漏发生后，立即刹车停止起连续油管，泵车停泵，关卡瓦 / 半封一体化闸板防喷器后熄火停车。刺漏点在滚筒，刺漏点喷出大量水雾，同时进行消防、刺漏应急准备，防止起火。

2. 剪切连续油管，关闭全封闸板，控制井口

6 月 25 日 21：12 至 23：25 通过逐级上报后，关剪切闸板剪断连续油管；上提连续油管 1.0m，关全封闸板，并关闭手动锁紧装置。开半封闸板、卡瓦，工具落井。关井口主阀，泄掉防喷器与 4# 闸板间压力，井口套压从 39.08MPa 逐步上涨到的 45.70MPa。关闭 1#、4# 总闸，控制井口。

3. 检查断口

起出连续油管，检查断口，测量内径最小为 37mm（图 2-7）。

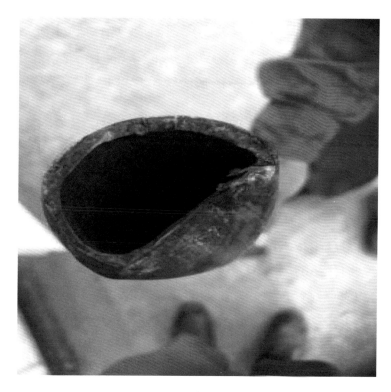

图 2-7　油管断口示意图

（四）原因分析

（1）滚筒上连续油管发生穿孔刺漏，同时井下单流阀失效或井下管串渗漏导致无法隔绝井内压力，井内流体进入油管并从穿孔位置喷出，被迫采取剪切连续油管措施。

（2）设备管理不到位，施工参数显示不全。施工过程中，循环压力表出现故障无显示，现场采取措施后未能修复，后决定安排专人通过观察压裂车泵压，继续起油管。发生穿孔时，不能连续记录油管内压力，不便于判断井下管串是否密封失效，也不能为事后调查提供分析支撑依据。

（3）连续油管作业人员经验不足，井下管串是否串漏判断滞后。连续油管出现穿孔后，因滚筒摄像头及操作室窗户被水雾笼罩，操作室无法判断滚筒具体刺漏情况，只能凭借外部目视观测泄漏大小，以及使用检测仪检测现场可燃气体浓度来判断；现场连续油管带队干部长时间不能判断出井下管串是否窜漏，导致井下气体溢出。

（4）风险认识不足，应急演练不到位。未认识到连续油管穿孔、同时井下管串密封失效的严重性，交底会记录上无爆管、穿孔等类似风险提示及相关注意事项要求。现场只进行了防喷盒刺漏应急演练，未开展针对油管穿孔、断裂等风险的应急演练，以至于发生风险事件时，现场连续油管人员和相关方人员认识及要求不一致，不能形成统一意见。

（五）经验教训

（1）施工单位建立连续油管使用台账，及时检测，并按规定强制报废。完善单流阀失效或井下管串刺漏的判断标准。

（2）完善承包商及租赁设备管理制度，制定把关监控管理办法。明确准入人员、连续油管参数及其疲劳寿命、井控设备、井下工具等方面的具体要求，每口井施工前进行逐项检查确认。

（3）全面识别存在的风险，完善汇报流程，开展应急演练，提高现场人员应急处置能力和应急处置效率。发生刺漏后应及时汇报，果断处置。

案例 55 MX31X1 井换装封井器时溢流事件

（一）基本情况

MX31X1 井是原钻机试油的一口预探井。栖霞组射孔酸化测试，测得气产量 $36.69×10^4m^3/d$，井底压力 76.98MPa，关井复压期间采气井口 1# 阀门刺漏，开油放喷泄压，正挤密度 $1.90g/cm^3$ 压井液压井井漏，堵漏，敞井观察 41h，出口无异常。

（二）事件经过

2014 年 8 月 31 日 08：00 环空加压打开 RD 阀，09：30 至 12：00 正注密度 $1.88g/cm^3$ 的压井液 $77.0m^3$（环空容积 $49.35m^3$，油管容积 $17.48m^3$），替入 $66m^3$ 时出口见混浆返出，漏失钻井液 $16.65m^3$，立压 5.0~6.5MPa，排量 11.6L/s，套压由 32MPa 下降至 0；12：00 至 15：00 经液气分离器正循环，立压 9.1MPa，排量 8.7L/s，漏失钻井液 $17.2m^3$，进出口密度 $1.88g/cm^3$，循环时分离器出口点火未燃，停泵出口断流（计算注入量 $93.96m^3$，减去漏失量，有效注入 $76.76m^3$，有效循环 1.17 周）。15：00 至 16：30 敞井观察，出口无显示，换装井口装置准备；16：30 至 16：37 开泵注入 $0.2m^3$，出口见返。16：37 至 19：24 拆采气井口装置，装 $3\frac{1}{2}$in 钻杆旋塞阀，关闭旋塞阀。19：24 至 23：43 安装 FS35-70/18-105 转换四通 +2FZ35-70 双闸板防喷器，戴齐螺栓，紧固对角四颗螺栓。安装 FZJ35-70 剪切闸板防喷器 +FZ35-70 单闸板防喷器，戴齐螺栓，紧固对角四颗螺栓。安装 FH35-35/70 环形防喷器，戴齐螺栓，紧固对角四颗螺栓（未连接液控管线），安装防溢管，连接出口管。23：40 至 23：43 紧固螺栓时发现液气分离器出液口有压井液流出，发现溢流 1.0m³，立即组织人员关闭 7b[#]阀门，套压由 0 上升至 4.0MPa，液面上涨至 2.9m³（图 2-8）。

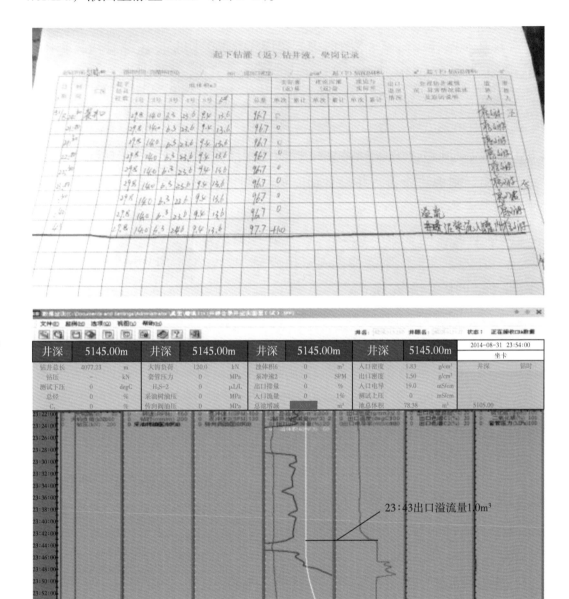

图 2-8　液面坐岗记录和综合录井曲线

（三）处置过程

1.反压井未成功

2014 年 9 月 1 日 00：05 开 7b[#]阀门降压，抢接全封手动操作杆，手动关闭全封闸板。套压升至 13.0MPa 时倒反压井管线通过钻井泵反压井，打开 11[#] 阀门，套压升至 18.0MPa 时发现转盘面有气体冒出（后证实为旋塞阀未上紧，螺纹连接处发生刺漏，同时全封闸板未关严造成）。同时因压井管汇 11[#] 阀门处的单流阀失效，致使钻井泵保险销剪断（剪断压力 28.6MPa），环空压井液通过钻井泵泄压管线窜至 5[#] 循环罐。关闭 11[#] 阀门切断反压井管线，套压由 18.0MPa 上升至 42.0MPa，倒放喷流程准备放喷。

2. 放喷泄压、抢接液控管线

9 月 1 日 00：05 至 02：00 经 4[#] 放喷管线泄压，套压由 42.0MPa 下降至 24.0MPa，液气同喷，焰高 10~15m；同时抢接液控管线，紧固井口装置连接螺栓，关闭全封闸板防喷器，井口得到控制，累计溢流量 14.7m³。

3. 压井准备

9 月 1 日 02：00 至 07：05 继续经 4[#] 放喷管线放喷泄压，套压由 24.0MPa 下降至 19.1MPa，再上升至 23.1MPa，液气同喷，焰高 10~12m。同时配好密度 1.88g/cm³ 的压井液 80.0m³。

4. 套管环空压井

9 月 1 日 7：05 至 08：28 用压裂车反挤密度 1.88g/cm³ 的压井液 75.0m³ 压井，套压由 29.6MPa 下降至 0。随后开 3[#] 闸阀观察全封防喷器闸板与四通间的圈闭压力，压力 19.0MPa，开 4[#] 阀门降压，出口点火燃，压力由 19.0MPa 下降至 0。准备压井液，期间每 30min 环空吊灌 1.88g/cm³ 的压井液 2~3m³。

5. 解封封隔器

9 月 1 日 18：30 至 19：02 下钻对扣，上提钻具，悬重由 700kN 上升至 900kN，再下降至 600kN，封隔器解封，上提管串至转盘面，关上半封闸板防喷器，通过压裂车向油管内打平衡压力 19.0MPa，开启下旋塞，压力由 19.0MPa 上升至 29.0MPa。

6. 油管内压井

9 月 1 日 19：02 至 21：33 通过压裂车和钻井泵正挤密度 1.88g/cm³ 压井液 25.0m³，立压由 32.0MPa 下降至 1.0MPa，套压由 0 上升至 10.0MPa，再下降至 4.5MPa。开节流阀降压，套压由 4.5MPa 下降至 0。开上半封闸板防喷器，倒出油管挂、双公短节，接转换接头、旋塞、方钻杆，出口见线流，关环形防喷器，套压由 0 上升至 2.0MPa。

7. 堵漏、循环压井

9月1日21：37至22：02泄套压，关上半封闸板防喷器，开环形防喷器，经液气分离器循环，正注密度 1.90g/cm³ 压井液 7.6m³，出口失返。钻井泵正注密度 1.82g/cm³ 堵漏浆 17.5m³，正挤密度 1.90g/cm³ 压井液 19.0m³，立压由 14.0MPa 上升至 21.0MPa，套压由 2.0MPa 上升至 4.0MPa。关井候堵，立压由 21.0MPa 下降至 0，套压由 4.0MPa 下降至 2.0MPa。经液气分离器循环排气，调整压井液性能，出口点火不燃。停泵观察，出口断流，压井成功。

（四）原因分析

（1）打开 RD 阀后，替环空清水、循环时井漏，地层流体置换进入井筒，压力平衡状态被破坏，气体上窜形成溢流。

（2）未严格执行设计要求，栖霞组联作测试管柱中使用 RDS 阀，实际改用 RD 阀，未履行设计变更手续，也未进行变更风险评估，失去了一道井眼关断屏障。

（3）循环不充分，井筒置换气体未完全循环出井筒。RD 阀以上井筒容积为 66.83m³，替清水后用密度 1.88g/cm³ 的压井液循环 3h，注入量 93.96m³，减去漏失量 17.2m³，有效注入量 76.76m³，有效循环仅 1.17 周。

（4）静止观察时间不够，且观察后没有再次循环。循环后静止观察时间仅为 1.5h，实际拆换井口装置时间 7.22h 未完；且静止观察后未按规定再次循环排气，导致地层气滑脱上移。

（5）旋塞阀螺纹泄漏和压井管汇单流阀失效形成溢流通道，导致溢流量进一步加大。

旋塞阀上扣太少，导致油管内流体溢出。试图通过反压井管线压井时，由于压井管汇单流阀失效，井内高压流体反窜，致使钻井泵保险销被剪断，溢流量进一步加大。

（五）经验教训

（1）设计变更要履行变更手续，针对"三高井"（高危、高压、高含硫）采用联作测试管柱，管柱应带 RDS 阀，能及时关断屏障井下高压油气油。

（2）应牢固树立积极井控理念，强化井控安全意识，拆采油（气）井口前应至少观察一个拆采油（气）井口和装防喷器组的作业时间，确认井内平稳后，再循环不少于 1.5 周，无异常才能拆采油（气）井口，安装防喷器组。

（3）溢流第一时间处置措施不当。发生溢流后，没有立即组织抢接液控管线关闭全封闸板防喷器，而是决定采取反压井和抢接手动操作杆关全封闸板的方式来控制溢流，延误了控制井口的时间。

（4）推荐在拆采油树后，迅速在油管挂上装好内防喷工具，再吊装防喷器，发生溢流后，立即组织抢接液控管线，关闭全封闸板防喷器，及时控制井口。

案例 56 N209H25-8 井井口上抬事件

（一）基本情况

N209H25-8 井是一口页岩气开发水平井，该井 ϕ139.7mm 油层套管水泥返高为 1123.5m（设计返高为 1220.0m），油层套管固井质量合格率 97.4%。2020年 4 月 3 日完成通刮洗及测声幅后，进行压裂施工。

（二）事件经过

2020 年 6 月 12 日压裂队全井筒试压，压力由 0MPa 打压至 26.0MPa 稳压 3min，压降为 0；继续打压至 44.0MPa 稳压 4min，压降 1.0MPa；继续打压至 68.0MPa 稳压 4min，压降 1.0MPa；当继续打压至 89.0MPa 时，压力瞬间从 89.0MPa 下降到 0，施工停止（图 2-9）。

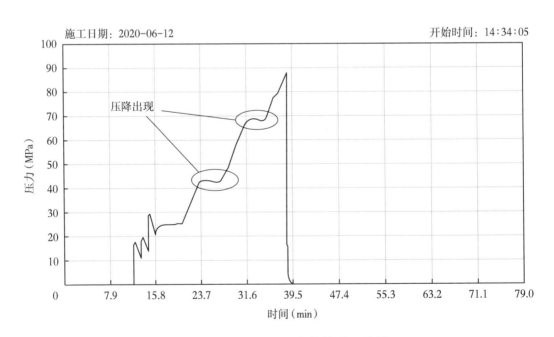

图 2-9 N209H25-8 井井筒试压曲线

高压瞬时降零后，现场立即停止施工，检查发现井口轻微倾斜，方井坑内积水增多；1#大阀门手轮变形，套压表将踏板护网顶穿，压力表破碎，压裂井口整体抬升1.0m。抽方井坑内积水，安装可燃气体检测仪、硫化氢检测仪，实施气体监测，初步判断三层套管脱落，导致井口整体上抬（图2-10）。

图2-10　井口抬升情况

（三）处置过程

1. 暂停本平台及相邻平台压裂施工

事件发生后，在立即暂停本平台压裂的同时，及时向川渝页岩气前线指挥部和西南油气田公司工程技术处报告，请求协调浙江油田暂停YS112H10平台压裂作业，等待本井进行修井处置后再恢复压裂作业。

2. 连续油管注水泥塞暂闭

6月17日和6月19日两次用连续油管分别在井深3490.0m和3266.0m注水泥塞暂闭。

3. 吊移井口，起出套管串检查

7月21日先移除井口大四通和1#阀门，再对套管头及连接套管进行试吊，成功将套管头及其余套管吊出。7月23日进行切割，取芯轴悬挂器等工作，发现ϕ339.7mm套管从井口2.6m位置断开，ϕ244.5mm套管从双公套管下第一根套管内接箍处断开，ϕ139.7mm套管从井口第三根套管（36.6m）处脱扣，外螺纹端螺纹完好（图2-11至图2-13）。

图 2-11 ϕ339.7mm 表层套管断裂照片

图 2-12 ϕ244.5mm 技术套管断裂照片

图 2-13 ϕ139.7mm 油层套管脱扣照片

（四）原因分析

（1）全井筒试压期间，因 ϕ139.7mm 套管螺纹密封失效，高压液体窜入螺纹，在继续打高压时，内螺纹端膨胀导致 ϕ139.7mm 套管脱扣，高压瞬时窜入 B 环空，在三轴载荷情况下，导致 ϕ244.5mm 拉断，又带动 ϕ339.7mm 套管拉断，最终导致压裂井口整体抬升 1.0m。

（2）未能识别试压期间窜压风险，因此未制定相应控制措施，如观察 B、C 环空压力，打开 B 环空等。在施工前技术交底也未对此进行提示和要求，使得试压期间，B、C 环空处于关闭状态，油层套管外泄压力高于技术套管和表层套管强度，造成套管断裂。

（3）阶梯试压期间，发现加压至 44MPa 后无法稳压时，未开展停工排异检查工作，而是继续打压，使 ϕ139.7mm 套管脱扣，环间窜压，导致 ϕ244.5mm 和 ϕ339.7mm 套管拉断，压裂井口整体上抬。

（4）现场套管环空虽安装压力表，但高压期间人员不能接近，且未安装摄像头或压力传感器，导致试压过程无法监测环空压力是否出现异常。

（五）经验教训

（1）在试压过程中始终保持 B 环空处于开启状态，B 环空安装压力传感器，建立监测制度，试压过程中做好全程监控和记录。

（2）试压前应全面识别井控风险，并制定相应控制措施。B 环空应接泄压管线至井场外空旷地带，并按规定固定牢靠。

（3）试压应采用阶梯试压，若试压中发现无法稳压，要立即停止作业开展排查、整改。

（4）事件发生后井筒的完整性已遭破坏，井底高压流体是否完全屏蔽无法判断。为了防止井底高压流体上窜，保障后续施工的安全，用连续油管在井下部注两个水泥塞暂闭。

附录 井控常用计算公式

一、基础公式

(一)压力相关公式

1. 压力四种表达方式

井工程压力通常采用压力、压力梯度、压力系数和当量密度四种方式表达。

(1)压力:指某点所受压强,通常使用 p 表示,单位为 MPa。

(2)压力梯度:指单位垂直深度压力变化值,通常使用 G 表示,单位为 MPa/m。

$$G = \frac{\Delta p}{\Delta H} \tag{1}$$

式中　G——压力梯度,MPa/m;

　　　Δp——压力变化量,MPa;

　　　ΔH——垂深变化量,m。

(3)压力系数:通常指地层压力与静水柱压力的比值。

(4)当量密度:指某点所受压力与等高液柱压力等效时相当的液体密度,通常使用 ECD 表示,单位为 g/cm^3。

$$压力系数 = ECD = \frac{p}{0.00981H} \tag{2}$$

式中　ECD——某点所受压力当量密度,g/cm^3;

　　　p——某点所受压力,MPa;

　　　H——液柱垂直高度,m。

2. 静液柱压力

$$p_{静} = 0.00981\rho H \tag{3}$$

式中　$p_{静}$——静液柱压力,MPa;

　　　ρ——液体密度,g/cm^3;

　　　H——液柱垂直高度,m。

3. 井底压力

（1）循环时：

$$p_{井底} = p_{静} + p_{环} \qquad (4)$$

（2）起钻时：

$$p_{井底} = p_{静} - p_{抽} \qquad (5)$$

（3）下钻时：

$$p_{井底} = p_{静} + p_{激} \qquad (6)$$

（4）关井时：

$$p_{井底} = p_d + p_{静} \qquad (7)$$

式中　$p_{井底}$——井底压力，MPa；

$p_{静}$——静液柱压力（未受污染），MPa；

$p_{环}$——环空循环压耗，MPa；

$p_{抽}$——起钻抽吸压力，MPa；

$p_{激}$——下钻激动压力，MPa；

p_d——关井立压，MPa。

4. 地层承压能力

通常通过地层承压（破裂压力）试验，求得地层破裂压力、漏失压力。

（1）地层破裂压力：

$$p_{破} = p_{静} + p_{表破} \qquad (8)$$

式中　$p_{破}$——地层破裂压力，MPa；

$p_{静}$——静液柱压力，MPa；

$p_{表破}$——地层破裂时地表压力，MPa。

（2）地层漏失压力：

$$p_{漏} = p_{静} + p_{表漏} \qquad (9)$$

式中　$p_{漏}$——地层漏失压力，MPa；

$p_{静}$——静液柱压力，MPa；

$p_{表漏}$——地层漏失时地表压力，MPa。

（二）容积相关公式

1. 井筒容积

$$V_{井筒} = \frac{\pi}{4}D^2 \times 10^{-6} \times H \quad (10)$$

式中　$V_{井筒}$——井筒容积，m^3；

　　　　D——井眼直径，mm；

　　　　H——井深，m。

2. 钻具外排体积、内容积、本体体积

（1）外排体积：

$$V_{外} = \frac{\pi}{4}D_o^{\,2} \times 10^{-6} \times L \quad (11)$$

（2）内容积：

$$V_{内} = \frac{\pi}{4}D_i^{\,2} \times 10^{-6} \times L \quad (12)$$

（3）本体体积：

$$V_{本} = V_{外} - V_{内} \quad (13)$$

式中　$V_{外}$——钻具外排体积，m^3；

　　　　$V_{内}$——钻具内容积，m^3；

　　　　$V_{本}$——钻具本体体积，m^3；

　　　　D_o——钻具外径，mm；

　　　　D_i——钻具内径，mm；

　　　　L——钻具长度，m。

常用钻具替排量见表1。

表1　常用钻具替排量

钻具	外径（mm）	内径（mm）	起钻灌浆量（m³/柱）	带回压阀下钻返出量（m³/柱）	不带回压阀下钻返出量（m³/柱）	带回压阀下钻水眼灌浆量（m³/柱）
4in 钻杆	101.6	84.8	0.07	0.23	0.07	0.16
5in 钻杆	127.0	108.6	0.10	0.36	0.10	0.26
5½ in 钻杆	139.7	118.6	0.12	0.44	0.12	0.31

钻具	外径 （mm）	内径 （mm）	起钻灌浆量 （m³/柱）	带回压阀 下钻返出量 （m³/柱）	不带回压阀 下钻返出量 （m³/柱）	带回压阀下钻 水眼灌浆量 （m³/柱）
5in 加重钻杆	127.0	76.2	0.23	0.36	0.23	0.13
5½in 加重钻杆	139.7	92.1	0.25	0.44	0.25	0.19
6in 钻铤	152.4	71.4	0.41	0.52	0.41	0.11
6¼in 钻铤	158.8	71.4	0.45	0.56	0.45	0.11
6½in 钻铤	165.1	71.0	0.50	0.61	0.50	0.11
7in 钻铤	177.8	71.0	0.59	0.71	0.59	0.11
8in 钻铤	203.2	71.0	0.81	0.92	0.81	0.11
9in 钻铤	228.6	76.0	1.04	1.17	1.04	0.13

注：以上数据均是按照每柱钻具长 28.5m 计算。

3. 环空容积

$$V_{环} = V_{井筒} - V_{本} \qquad （14）$$

式中　$V_{环}$——环空容积，m^3；

$V_{井筒}$——井筒容积，m^3；

$V_{本}$——钻具本体体积，m^3。

（三）时间相关公式

1. 迟到时间

$$T_{迟} = \frac{V_{环}}{60Q_{泵}} \qquad （15）$$

式中　$T_{迟}$——迟到时间，min；

$V_{环}$——环空容积，L；

$Q_{泵}$——钻井泵排量，L/s。

2. 循环一周所需时间

$$T = \frac{V_{井} - V_{柱}}{60Q_{泵}} \qquad （16）$$

式中　T——循环一周所需时间，min；

$V_井$——井眼容积，L；

$V_柱$——钻柱体积，L；

$Q_泵$——钻井泵排量，L/s。

（四）排量相关公式

$$Q = \frac{\frac{\pi}{4}D^2 \times L \times N \times 10^{-6} \times S}{60} \tag{17}$$

式中　Q——排量，L/s，按容积效率100%计算；

　　　S——泵冲，次/min；

　　　D——缸套直径，mm；

　　　N——缸套数，个；

　　　L——缸套冲程，mm，取305mm（部分钻井泵可能不一致，以实际为准）。

二、压井公式

（一）关井立管压力

确定立管压力的时间，一般渗透性好的地层，需要15~25min；渗透性差的地层所需时间更长些。

（1）当钻柱中未装回压阀时，关井立管压力可以直接从立管压力表上读出。

（2）钻柱上装有回压阀时，关井立管压力的求法如下：

①顶开法（推荐）。

在未知压井排量和泵压时，关井立管压力的求法：

a. 记录关井套管压力；

b. 缓慢启动泵用小排量向井内注入钻井液，观察、记录立管压力和套管压力；

c. 当回压阀被顶开后，套压由关井套压升高到某一值，此时，停泵，记录套管压力和立管压力；

d. 据新的套管压力值求关井立管压力p_d：

$$p_d = p_d' - (p_a' - p_a) \tag{18}$$

式中　p_d——关井立管压力，MPa；

　　　p_a'——停泵时的套压值，MPa；

　　　p_d'——停泵时的立管压力值，MPa；

　　　p_a——关井套管压力，MPa。

②循环法。

在已知压井排量和相应泵压时（排量取正常排量的 1/3~1/2），关井立管压力的求法：

a. 记录关井套管压力；

b. 缓慢启动泵并打开节流阀；

c. 控制节流阀，使套压等于关井套压，并保持不变；

d. 当排量达到压井排量时，套压始终等于关井套压，记录此时的循环立管压力值 p_t；

e. 停泵，关节流阀；

f. 计算关井立管压力。

$$p_d = p_t - p_c \qquad （19）$$

式中　p_d——关井立管压力，MPa；

　　　p_t——压井排量循环时的立管压力值，MPa；

　　　p_c——压井低泵速下循环泵压，MPa。

（二）判断溢流的类型

设 ρ_w 为溢流物密度，则：

$$\rho_w = \rho_m - （p_a - p_d）/ 0.00981h_w \qquad （20）$$

式中　ρ_w——溢流物密度，g/cm^3；

　　　h_w——井底溢流垂直高度，m；

　　　p_a——关井套管压力，MPa；

　　　p_d——关井立管压力，MPa。

$$h_w = \Delta V / V_环 \qquad （21）$$

式中　ΔV——溢流体积，m^3；

　　　$V_环$——溢流所在位置井眼单位环空容积，m^3/m。

若 ρ_w 在 $0.12~0.36g/cm^3$ 之间，则为天然气溢流；

若 ρ_w 在 0.36~1.07g/cm³ 之间，则为油或混合流体溢流；

若 ρ_w 在 1.07~1.20g/cm³ 之间，则为盐水溢流。

（三）地层压力

$$p_p = p_d + 0.00981\rho_m H \qquad （22）$$

式中　p_p——地层压力，MPa；

　　　p_d——关井立管压力，MPa；

　　　ρ_m——关井时钻柱内未侵钻井液密度，g/cm³；

　　　H——钻头所在垂直井深，m。

（四）压井所需压井液密度

（1）根据关井立管压力计算 ρ_k：

$$\rho_k = \rho_m + \frac{p_d}{0.00981H} + \rho_e \qquad （23）$$

式中　ρ_k——压井液密度，g/cm³；

　　　ρ_m——关井时钻柱内未侵钻井液密度，g/cm³；

　　　p_d——求得关井立压，MPa；

　　　H——钻头所在垂直井深，m；

　　　ρ_e——钻井液密度附加量，g/cm³，油水井取 0.05~0.10g/cm³，气井取 0.07~0.15g/cm³。

（2）据地层压力计算 ρ_k：

$$\rho_k = \frac{p_p}{0.00981H} + \rho_e \qquad （24）$$

式中　ρ_k——压井所需的压井液密度，g/cm³；

　　　p_p——地层压力，MPa；

　　　H——钻头所在垂直井深，m；

　　　ρ_e——钻井液密度附加量，g/cm³，油水井取 0.05~0.10g/cm³，气井取 0.07~0.15g/cm³。

（五）钻柱内外容积

$$V = V_1 + V_2 \qquad （25）$$

式中　V——钻柱内外容积，m³；

V_1——钻柱内容积，m^3；

V_2——钻柱与裸眼环空容积，m^3。

通常所需压井液量为钻柱内外总容积的 1.5~2 倍。

（六）注入压井液时间

（1）压井液从地面到钻头所需的时间为 t_1：

$$t_1 = \frac{1000 \times V_1}{60Q} \tag{26}$$

式中　t_1——压井液从地面到钻头所需的时间，min；

V_1——钻柱内容积，m^3；

Q——压井排量，L/s。

（2）压井液充满环空的时间为 t_2：

$$t_2 = \frac{1000 \times V_2}{60Q} \tag{27}$$

式中　t_2——压井液充满环空的时间，min；

V_2——钻柱与裸眼环空容积，m^3；

Q——压井排量，L/s。

（3）压井液从地面进入到出口返出所需的时间为 t：

$$t = t_1 + t_2 \tag{28}$$

（七）压井时立管总压力

（1）初始循环立管总压力：

$$p_{t1} = p_d + p_{ci} + p_e \tag{29}$$

式中　p_{t1}——初始循环立管总压力，MPa；

p_d——求得关井立压，MPa；

p_{ci}——压井排量下的循环压力及低泵冲试验压力，MPa；

p_e——考虑平衡安全时的附加压力，MPa，油水井取 1.5~3.5MPa，气井取 3~5MPa。

（2）压井液到钻头时的立管终了循环总压力 p_{tf} 计算：

$$p_{tf} = \frac{\rho_k}{\rho_m} \times p_{ci} \tag{30}$$

式中 p_{tf}——立管终了循环总压力，MPa；

　　　ρ_k——压井所需的钻井液密度，g/cm³；

　　　ρ_m——关井时钻柱内未侵钻井液密度，g/cm³；

　　　p_{ci}——低泵冲试验压力，MPa。

（3）压井排量下的循环压力及低泵冲试验压力 p_{ci} 的确定：

p_{ci} 就是低泵冲试验（正常钻进排量的 1/3~1/2）的压力值，若未做低泵冲试验，可以根据经验公式求得：

$$p_{ci} = \left(\frac{Q_1}{Q}\right)^2 \times p \qquad (31)$$

式中 p_{ci}——低泵冲试验压力，MPa；

　　　Q_1——压井时的排量，L/s；

　　　Q——钻进排量，L/s；

　　　p——钻进泵压，MPa。

三、其他公式

（一）最大关井套压相关公式

最大允许关井套压取套管抗内压强度的 80%、井口装置额定压力和地层破裂压力所允许关井套压三者中的最小值。

（1）若套管抗内压强度的 80% 为三者最小值，则最大关井套压计算公式为：

$$p_{最大} = p_{抗内压} \times 0.8 - 0.00981 \times (\rho - 1) \times H \qquad (32)$$

式中 $p_{最大}$——最大关井套压，MPa；

　　　$p_{抗内压}$——套管抗内压强度，MPa；

　　　ρ——井筒内钻井液密度，g/cm³；

　　　H——套管鞋垂深，m。

（2）若井口装置额定压力为三者最小值，则最大关井套压为井口装置额定压力。

（3）若地层破裂压力为三者最小值，则最大关井套压计算公式为：

$$p_{最大} = p_{破} - 0.00981 \rho H \qquad (33)$$

式中　$p_{最大}$——最大关井套压，MPa；

　　　$p_{破}$——地层破裂压力，MPa；

　　　ρ——井筒内钻井液密度，g/cm³；

　　　H——破裂点垂深，m。

（二）钻井液相关公式

1. 加重剂用量

$$W_{加} = \frac{\rho_{加} \times V_{原} \times \left(\rho_{重} - \rho_{原} \right)}{\rho_{加} - \rho_{重}} \qquad （34）$$

式中　$W_{加}$——所需加重剂的质量，t；

　　　$V_{原}$——加重前钻井液体积，m³；

　　　$\rho_{原}$——加重前钻井液密度，g/cm³；

　　　$\rho_{重}$——加重后的钻井液密度，g/cm³；

　　　$\rho_{加}$——加重料的密度，g/cm³。

2. 降低钻井液密度时加水量

$$Q = \frac{V_{原} \times \left(\rho_{原} - \rho_{稀} \right) \rho_{水}}{\rho_{稀} - \rho_{水}} \qquad （35）$$

式中　Q——所需水量，t；

　　　$V_{原}$——原钻井液体积，m³；

　　　$\rho_{原}$——原钻井液密度，g/cm³；

　　　$\rho_{稀}$——稀释后的钻井液密度，g/cm³；

　　　$\rho_{水}$——水的密度，g/cm³。

3. 不同钻井液混合后密度

$$\rho_{混合} = \frac{\rho_{原} V_{原} + \rho_{混} V_{混}}{V_{原} + V_{混}} \qquad （36）$$

式中　$\rho_{混合}$——混合后钻井液密度，g/cm³；

　　　$\rho_{原}$——原钻井液密度，g/cm³；

　　　$\rho_{混}$——加入钻井液密度，g/cm³；

　　　$V_{原}$——原钻井液体积，m³；

　　　$V_{混}$——加入钻井液体积，m³。

（三）油气上窜相关公式

1. 迟到时间法

$$v = \frac{H - \dfrac{h \times (t_1 - t_2)}{t}}{t_0} \qquad (37)$$

式中　v——油气上窜速度，m/h；

　　　t——钻头所在井深的迟到时间，min；

　　　h——循环时钻头所在的井深，m^3；

　　　H——油气层的深度，m；

　　　t_1——见到油气显示的时间，min；

　　　t_2——下到井深 h 时开泵时间，min；

　　　t_0——井内钻井液静止时间，h。

2. 容积法

$$v = \frac{H - \dfrac{(t_1 - t_2) \times Q}{V_0}}{t_0} \qquad (38)$$

式中　v——油气上窜速度，m/h；

　　　V_0——井下钻具外径与井径的单位环空容积，L/m；

　　　Q——钻井泵的排量，L/min；

　　　H——油气层的深度，m；

　　　t_1——见到油气显示的时间，min；

　　　t_2——下到井深 H 时开泵时间，min；

　　　t_0——井内钻井液静止时间，h。